21世纪普通高等学校数字媒体技术专业规划教材精选

计算机图像处理入门与提高

王慧 编著

U0341911

清华大学出版社

北 京

内 容 简 介

计算机图像处理是数字媒体、艺术设计、广告等专业的基础课程,本书注重对学生实用技巧的培养,由浅入深地介绍图像处理软件 Adobe Photoshop CS6 的使用技巧,由基础工具的使用方法入门,通过对实际案例的制作,达到对软件各部分工具和命令的灵活运用。通过本书,读者无论在原理上还是操作技能上,都可同时得到提高。

本书对图像处理的知识与技能进行整合,涵盖初学者学习图像处理技术所必须具备的基本理论知识和实际操作技能,可以作为计算机平面图像处理培训班教材和平面设计人员的实用技术手册。

图书在版编目(CIP)数据

计算机图像处理入门与提高/王慧编著.—北京:清华大学出版社,2017
(21 世纪普通高等学校数字媒体技术专业规划教材精选)
ISBN 978-7-302-46082-4

Ⅰ.①计…　Ⅱ.①王…　Ⅲ.①图像处理软件－高等学校－教材　Ⅳ.①TP391.413

中国版本图书馆 CIP 数据核字(2017)第 004873 号

责任编辑:刘向威　　王冰飞
封面设计:文　静
责任校对:徐俊伟
责任印制:沈　露

出版发行:清华大学出版社
　　　网　　　址:http://www.tup.com.cn,http://www.wqbook.com
　　　地　　　址:北京清华大学学研大厦 A 座　　　邮　编:100084
　　　社 总 机:010-62770175　　　　　　　　　　邮　购:010-62786544
　　　投稿与读者服务:010-62776969,c-service@tup.tsinghua.edu.cn
　　　质 量 反 馈:010-62772015,zhiliang@tup.tsinghua.edu.cn
　　　课 件 下 载:http://www.tup.com.cn,010-62795954
印 装 者:北京国马印刷厂
经　　销:全国新华书店
开　　本:185mm×260mm　　　印　张:14　　　字　数:353 千字
版　　次:2017 年 5 月第 1 版　　　　　　　　　印　次:2017 年 5 月第 1 次印刷
印　　数:1～2000
定　　价:33.00 元

产品编号:064107-01

21 世纪普通高等学校数字媒体技术专业规划教材精选

编写委员会成员

（按姓氏笔画排序）

于　萍　　王志军　　王慧芳　　孙富元

朱耀庭　　张洪定　　赵培军　　姬秀娟

桑　婧　　高福成　　常守金　　渠丽岩

序

PREFACE

"国家中长期教育改革和发展规划纲要(2010—2020)"中指出:"中国未来发展、中华民族伟大复兴、关键靠人才,基础在教育。"[①]

以数字媒体、网络技术与文化产业相融合而产生的数字媒体产业,被称为 21 世纪知识经济的核心产业,在世界各地高速成长。新媒体及其技术的迅猛发展,给教育带来了新的挑战。目前我国数字媒体产业人才存在很大缺口,特别是具有专业知识和实践能力的"创新型、实用型、复合型人才紧缺"。[①]

2004 年浙江大学(全国首家)和南开大学滨海学院(全国第二家)率先开设了数字媒体技术专业。迄今,已经有近 200 所院校相继开设了数字媒体类专业。2012 年教育部颁发的最新版高等教育专业目录中,新增了数字媒体技术(含原试办和目录外专业:数字媒体技术和影视艺术技术)和数字媒体艺术(含原试办和目录外专业:数字媒体艺术和数字游戏设计)专业。

面对前所未有的机遇和挑战,建设适应人才需求和新技术发展的学科教学资源(包括纸质、电子教材)的任务迫在眉睫。"21 世纪普通高等学校数字媒体技术专业规划教材精选"编委会在清华大学出版社的大力支持下,面向数字媒体专业技术和数字媒体艺术专业的教学需要,拟建设一套突出数字媒体技术和专业实践能力培养的系列化、立体化教材。这套教材包括数字媒体基础、数字视频、数字图像、数字声音和动画等数字媒体的基本原理和实用技术。

该套教材遵循"能力为重,优化知识结构,强化能力培养"[①]的宗旨,吸纳多所院校资深教师和行业技术人员丰富的教学和项目实践经验,精选理论内容,跟进新技术发展,细化技能训练,力求突出实践性、先进性、立体化的特色。

突出实践性 丛书编写以能力培养为导向,突出专业实践教学内容,为专业实习、课程设计、毕业实践和毕业设计教学提供具体、翔实的实验设计,提供可操作性强的实验指导,适合"探究式"、"任务驱动"等教学模式。

技术先进性 涉及计算机技术、通信技术和信息处理技术的数字媒体技术正在以惊人的速度发展。为适应技术发展趋势,本套丛书密切跟踪新技术,通过传统和网络双重媒介,

---

① 国家中长期教育改革和发展规划纲要(2010—2020),教育部,2010.7。

及时更新教学内容,完成传播新技术、培养学生新技能的使命。

教材立体化 丛书提供配套的纸质教材、电子教案、习题、实验指导和案例,并且在清华大学出版社网站(http://www.tup.com.cn)提供及时更新的数字化教学资源,供师生学习与参考。

本丛书将为高等院校培养兼具计算机技术、信息传播理论、数字媒体技术和设计管理能力的复合型人才提供教材,为出版、新闻、影视等文化媒体及其他数字媒体软件开发、多媒体信息处理、音视频制作、数字视听等从业人员提供学习参考。

希望本丛书的出版能够为提高我国应用型本科人才培养质量,为文化产业输送优秀人才做出贡献。

丛书编委会

2013.5

前言

FOREWORD

计算机图像处理技术的应用领域极为广泛,在平面设计、印刷排版、UI设计、数字绘画、摄影作品后期处理、动画与影视等领域都有着突出的表现,伴随读图时代的到来,图像的处理技术可以使信息得到更为有效的传播。

本书的特色:第一,对图像软件的基础命令进行综合讲述;第二,结合图像软件的新版本,紧跟软件功能发展的前沿;第三,重视实际典型案例操作的讲解,使学习者能够对软件命令理解深刻,实现举一反三的目的;第四,低门槛,零基础入门,循序渐进提高,既可供专业学习提高使用,亦可作为平面设计人员的实用技术手册。

本书共分为13章。第1章讲述图像处理和图形处理均需要掌握的基础知识;第2~13章介绍图像处理软件Adobe Photoshop CS6的使用技巧,内容包括Adobe Photoshop CS6的入门知识、基本选区的使用、图像的修复和调色、路径的使用、文字设计、通道与蒙版、图层样式、滤镜、动作与批处理等命令和面板的使用方法。书中由基础工具的讲授开始,通过对实际案例的制作,使学习者达到对软件各部分工具和命令的灵活运用。

本书由天津师范大学津沽学院王慧编写并统稿完成。

感谢清华大学出版社对本书出版给予的大力支持,感谢教材编写委员会老师们的帮助。本书的编写也得到天津师范大学王志军教授的热心指导和对本书的审阅,在此一并感谢。

由于写作时间紧迫加之作者水平有限,书中难免有不足和纰漏,恳请专家、同行批评指正。

编　者
2017年1月

目录

CONTENTS

第 ① 章

基 础 知 识

本章学习目标

- 熟练掌握位图图像和矢量图形的区别
- 了解常用的图形图像处理软件
- 掌握图形图像的文件格式
- 熟练掌握图形图像的色彩模式
- 灵活设置图像分辨率

本章主要介绍位图图像和矢量图形的区别及其常见的处理软件,讲解图形图像处理需要掌握的一些基础知识,包括图形图像的文件格式、色彩模式及分辨率等概念。

1.1 位图图像和矢量图形

计算机图形图像处理的两大素材分别为位图图像和矢量图形,这两种素材都被广泛应用到平面设计、UI 设计、插画、产品包装、影视后期等各个领域。位图图像和矢量图形外在表现区别不大,实质上二者截然不同,各有优缺点,并且无法互相取代。

1. 位图图像

位图图像又称像素图,或者点阵图。构成位图图像的最小单位是像素,通过像素阵列的排列组合而成。将位图图像放大到一定程度,即可看到一个个颜色不同的像素(如图 1-1 所示),也就是说,位图图像的画面放大会出现锯齿及画面失真。

位图图像通过每个像素来记录颜色信息,包括颜色的色相、饱和度、明度,因此,位图图像可以记录丰富的颜色信息,画面正常大小显示时,画面表现真实细腻(如图 1-2 所示)。在对位图图像进行编辑时,可以编辑到每个像素,从而改变整个图像的显示效果。根据位图图像的特性,可知其缺点为无法使用放大的位图图像,因为会造成画面模糊和失真;同时,由于每个像素的颜色信息都需要记录下来,所占用的磁盘空间相对较大。

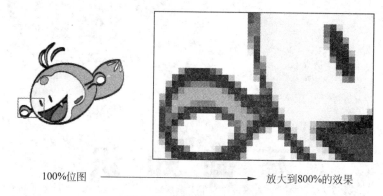

100%位图 ⟶ 放大到800%的效果

图 1-1　位图图像放大失真

图 1-2　位图图像颜色丰富

2. 矢量图形

矢量图形又称向量图形,是一种缩放后边缘不会产生锯齿,俗称不会失真和模糊的格式(如图 1-3 所示)。矢量图形是用数学方法描绘的,由矢量轮廓线和矢量色块组成,也就是说,矢量图形并不是记录画面上每一点的信息,而仅需要记录图形的形状和颜色,因此,文件的大小由图形的复杂程度决定,与图形的大小无关。

根据矢量图形的特性,可知其优点为画面可以任意放大,显示效果仍然细腻而不失真;由于需要记录的信息较少,矢量图形所占的存储空间相比位图图像要小很多。矢量图形的优势同时也带来它无法更改的缺点,矢量图形颜色相对单调,很难描绘出颜色复杂的画面(如图 1-4 所示)。

注意:目前矢量图形可以转化为位图图像,而位图图像转化成矢量图形在技术上较难实现,并且效果欠佳。以后章节将位图图像简称为图像,将矢量图形简称为图形。

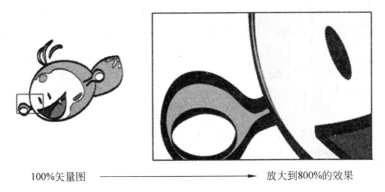

100%矢量图　━━━━━━━━▶　放大到800%的效果

图 1-3　矢量图形放大不失真

图 1-4　矢量图形颜色单调

1.2　图形图像处理软件概述

计算机数字媒体技术日新月异,图形图像处理软件更新换代的速度也越来越快,软件种类增多的同时,功能也越来越强大。本节主要介绍几种常用的图形图像处理软件的功能及特点,使读者对此类软件有一个初步的认识。随着图形图像处理软件功能的不断增强,很多软件可以同时处理图形和图像两种素材,但是每个软件依然会有相应的侧重。

1.2.1　图像处理软件

1. Adobe Photoshop

Photoshop 是 Adobe 公司开发的应用最为广泛的图像处理软件之一,是集图像扫描、编辑修改、图像制作、广告创意、图像输入与输出于一体的图像处理软件,专长在于处理由像素构成的图像,而不是图形创作。使用其众多的编修与绘图工具,可以有效地进行图片编辑工作,并可以对已有的位图图像运用一些特殊效果。

自 1990 年 Photoshop 版本从 1.0.7 发展至 2002 年的 Photoshop 7.0,又从 2003 年的

Photoshop CS 更新发展到 2012 年的 Photoshop CS6,Photoshop 软件的功能变得更加强大和全面,尤其在对图像的修饰和后期处理方面,可以算得上所有图像处理软件中最为优秀的软件。

Photoshop 的具体应用领域主要包括平面设计、修复照片、广告摄影、包装设计、插画设计、影像创意、艺术文字、网页制作、后期修饰、绘画、处理三维贴图、视觉创意、图标制作、界面设计等。

Adobe Photoshop CS6 继承了以往版本的功能,主要包括以下内容:

(1) 对图像中的对象进行快速精确的选取。

(2) 可以分别对图像中存在的瑕疵以及图像中不需要的部分进行毫无痕迹的修复和去除。

(3) 修改整张图像或者图像中部分区域的颜色,按照设计者的意图调整图像或区域的色相、饱和度、亮度以及对比度等。

(4) 强大的画笔功能,可以对已有的图像进行细节修复;丰富的预置画笔笔触,支持用户创建笔触,并可扩展第三方画笔,为插画等作品的绘制提供强大的支持。

(5) 丰富的预置图案效果,支持第三方图案加载使用,并支持用户创作图案。

(6) 钢笔工具绘制路径,灵活绘制各种形状。

(7) 文字排版编辑及文字蒙版功能,结合其他软件功能制作各式各样的艺术字。

(8) 通道编辑功能,对图像的选取、色调调整等方面提供更强大的支持。

(9) 灵活的样式编辑,丰富的图层叠加模式,可以帮助图像元素的创建和不同图像的叠加融合。

(10) 包含大量实现各种特殊图像效果的预置滤镜,另外支持第三方插件滤镜,可以制作出更加丰富的特效。

(11) 动作和批处理的使用,自动化的处理免去了很多重复性的工作,极大地缩短了对大批量图像做同样处理的时间。

(12) 支持 Gif 动画的创作和编辑,可以利用帧和时间轴两种显示方式处理。

(13) 支持 3D 模型的创建和导入,更好地与三维模型软件进行沟通。

同时,Adobe Photoshop CS6 还新增了几项功能,分别是:

(1) 裁剪工具更便于在操作的同时查看裁剪后的效果,节省了裁剪时间。

(2) 内容感知移动工具融合了选区、移动和修复画笔工具等功能,节省了修复图像的时间,并增强了图像修复的效果。

(3) 增强的模糊滤镜功能,添加了场景模糊、光圈模糊和倾斜偏移 3 种模糊滤镜,为摄影图片后期添加景深效果提供便利。

(4) 自动后台存储以及自动修复功能,更好地防止意外关机所带来的工作丢失。

(5) 更强大的视频创建功能,用户可以将动态视频导入到 Photoshop 中,在时间线上通过设置关键帧来设置素材的动画效果。

2. 光影魔术手

光影魔术手是针对图像画质进行改善提升及效果处理的软件。它简单、易用,不需要任何专业的图像技术,就可以制作出专业胶片摄影的色彩效果,且其批量处理功能非常强大,是摄影作品后期处理、图片快速美容、数码照片冲印整理时必备的图像处理软件,能够满足绝大部分照片后期处理的需要。

目前,光影魔术手所具备的图像处理的功能包括:

(1) 丰富的图像调色功能,操作简单,可以实现图像的自动曝光、色彩平衡的调整、饱和度及对比度的调整等。

(2) 多种数码暗房特效,可以制作背景虚化、冷调泛黄、正片负冲、褪色旧相、黑白照片等多样的照片风格。

(3) 提供大量精美的边框,可以轻松制作个性化的相册。

(4) 可以自由拼图、模版拼图和图片拼接,方便网络共享。

(5) 可以制作多样化的文字水印,并可将设置好的文字效果保存为模板。

(6) 强大的图片批处理功能,可以批量调整图像尺寸、添加边框、添加特效和水印字等。

1.2.2 图形处理软件

1. Adobe Illustrator

Adobe Illustrator 是一种应用于出版、多媒体和在线图像的矢量插画的软件,具有强大的贝塞尔曲线绘图功能、丰富的像素描绘功能、灵活的矢量图编辑功能,实现了快速精准的绘图及控制,适合制作各种难度类型的设计项目。作为一款方便快捷的矢量图形绘制工具,它可以广泛应用于印刷出版、海报书籍排版、专业插画、多媒体图像处理和互联网页面的制作等。它与位图处理软件 Photoshop 有类似的界面,并能共享一些插件和功能,实现无缝连接。

同时,Adobe Illustrator CS6 还新增了几项功能,分别是:

(1) 在精准的 1 点、2 点或 3 点直线透视中绘制形状和场景,创造出真实的景深和距离感。

(2) 完全控制宽度可变、沿路径缩放的描边、箭头、虚线和艺术画笔。

(3) 在文件的像素网格上精确地创建矢量对象,从而制作出像素统一的栅格图稿。

(4) 增强的绘图功能,可以在画板上直观地合并、编辑和填充形状,并可以对路径的描边添加渐变,操作更加便利。

(5) 使用与自然媒体的毛刷笔触相似的矢量进行绘图,控制毛刷特点并进行上色。

(6) 图案生成的功能强化,可以快速创建出无缝拼贴的图案。

2. CorelDRAW

CorelDRAW 是加拿大 Corel 公司出品的矢量图形制作工具软件,这个图形工具给设计师提供了矢量动画、页面设计、网站制作、位图编辑和网页动画等多种功能,为招牌制作、服饰设计、企业形象设计、排版、计算机割字、雕刻、奖杯奖牌制作等领域,提供丰富的绘图解决方案。

该软件主要的功能如下:

(1) 支持绝大部分图像格式的输入与输出,可以与其他软件更为方便的交换共享文件。

(2) 界面设计友好,操作精微细致,提供了设计者一整套的绘图工具。

(3) 提供了一整套的图形精确定位和变形控制方案。

(4) 包括各种模式的调色方案以及专色、渐变、图纹、材质等等的填充。

(5) 较为方便的文字与图像处理的图文排版功能,并能快速输出处理结果。

（6）提供多种类型的透镜，可以改变对象的颜色、形状等。

1.3　文件格式

图像和图形的文件格式繁多，编码形式、颜色数量、存储及应用领域等方面也各不相同，本节主要介绍在图形图像处理时，常见的一些图像文件格式及图形文件格式，以及各自的特点和文件后缀名。

1.3.1　图像文件格式

1. BMP

位图（Bit Map），缩写为 BMP，标准图像文件格式，使用很普遍。包含丰富的图像信息，几乎不进行压缩，一般图像文件会比较大。它最大的好处就是能被大多数软件所支持，可称为通用格式，位图图片的后缀名为.bmp。

2. JPEG

联合图像专家小组（Joint Photographic Experts Group），缩写为 JPEG，又称 JPG 图片，应用最广泛的图片格式之一，它采用一种特殊的有损压缩算法，将不易被人眼察觉的图像颜色删除，从而达到较大的压缩比，不支持 alpha 通道，但可以保存 Photoshop 中的路径信息，图片的后缀名为.jpg。

3. TIFF

标签图像文件格式（Tagged Image File Format），缩写为 TIFF，较为灵活，支持 256 色、24 位、32 位、48 位等多种色彩位，该格式的图像可以是不压缩的大体积图像文件，也可以是压缩的图像文件，因此，可以支持 alpha 通道，图片的后缀名为.tif 或.tiff。

4. GIF

图像互换格式（Graphics Interchange Format），缩写为 GIF，分为静态 GIF 和动画 GIF 两种，支持透明背景图像，适用于多种操作系统，可以存储的颜色不超过 256 种，因此，占用很小的存储空间，网上很多小动画都是 GIF 格式，即将多幅图像保存为一个图像文件，从而形成 GIF 动画，当只保存一张图片时为静态 GIF 图片，两者的文件后缀名均为.gif。

5. PNG

可移植的网络图像（Portable Network Graphics），缩写为 PNG，有 8 位、24 位、32 位三种形式，其中 8 位 PNG 支持索引透明和 alpha 透明两种透明形式，24 位 PNG 图像不支持透明，32 位 PNG 图像在 24 位基础上增加了 8 位的 alpha 通道，因此可展现 256 级透明程度。网页中有很多图片都是这种格式，图片文件后缀名为.png。

6. TGA

标记的图像（Tagged Graphic），缩写为 TGA，True Vision 公司为其显示卡开发的一种图像文件格式，创建时间较早，最高颜色位数可达 32 位，其中包括 8 位的 alpha 通道。该格式文件使得 Windows 与 3DS 相互交换图像文件成为可能，先在 3DS 中生成色彩丰富的 TGA 文件，然后在 Windows 中利用 Photoshop、Painter 等应用软件来进行修改，图像文件后缀名为.tga。

7. PSD

Photoshop 的专用格式文件,可以设定不同的颜色模式进行存储,并自定义不同的颜色位数,还可以保存 Photoshop 中的图层、通道、蒙版、路径等信息,便于图像再次编辑,因此占用较大的存储空间,与一些平面设计软件通用。图片文件后缀名为. psd。

8. RAW

中文解释为"未经处理",则该图像格式是最原始的图像文件格式,经过相机的传感器拍摄后,包含原图像文件进行处理前的一切照片信息,是未经过任何压缩处理的格式,不会造成画面中任何像素颜色信息的损失,占用的存储空间较大。不同牌子相机的 RAW 文件后缀名是不同的,例如佳能相机的图片文件后缀名为. crw 或. cr2,尼康相机的图片文件后缀名为. nef。

1.3.2 图形文件格式

1. WMF

图元文件(Windows Metafile Format),缩写为 WMF,它是微软公司定义的一种 Windows 平台下的图形文件格式。具有文件短小、图案造型化的特点,整个图形常由各个独立的组成部分拼接而成,但其图形往往较粗糙,并且只能在 Microsoft Office 中调用编辑。图形文件后缀名为. wmf。

2. EMF

扩展图元文件(Enhanced MetaFile),缩写为 EMF,由微软公司开发的 Windows 32 位扩展图元文件格式。总体设计目标是要弥补在 Windows16 位中使用的 WMF 文件格式的不足,使得图元文件更加易于使用。图形文件后缀名为. emf。

3. AI

Adobe Illustrator 软件生成的一种矢量图形文件格式,用 Illustrator、CorelDRAW、Photoshop 均能打开、编辑、修改等,图形文件后缀名为. ai。

4. CDR

CorelDRAW 软件专用的一种图形文件格式。图形文件后缀名为. cdr。

注意:跨平台的标准格式(Encapsulated PostScript),缩写为 EPS,专用的打印机描述语言,可以在打印机上进行精确的效果呈现,但不是用于屏幕显示的最合适的格式。可以描述矢量信息,同时也可以存储位图信息,包括存储 alpha 通道和色调曲线等信息。在 PhotoShop 中只能打开图像格式的 EPS 文件,并且存储图像的效率特别低,文件后缀名为. eps。

1.4 颜色模式

在学习图像处理之前,必须掌握颜色模式的概念。根据颜色的构成原理,定义了多种颜色模式,可以精确定义每一种能看到的颜色。在图像处理时最常用到的三种颜色模式分别为 RGB 颜色模式、CMYK 颜色模式和 HSB 颜色模式。

1.4.1 RGB 颜色模式

RGB 称为光的三原色,红(Red)、绿(Green)、蓝(Blue)。理论上讲,世间存在的任何一种光的颜色都可以由红、绿、蓝这三种最基本的颜色组合而成,根据三种原色不同配比的叠加,即可得到一种新的颜色,描述颜色叠加关系的公式为:某种颜色＝红色(R 的百分比)＋绿色(G 的百分比)＋蓝色(B 的百分比)。三种原色的比例决定混合色的最终色相,等量的红色和绿色相加,蓝色为 0 值时得到黄色;等量的红色和蓝色相加,绿色为 0 值时得到品红色;等量的绿色和蓝色相加而红色为 0 时得到青色。当三种原色等量相加时,得到为一种灰阶值;三种原色均为最大亮度时,则呈现白色;三种原色均为 0 值时,则呈现黑色;三种原色等量为其他值时,则呈现不同层级的灰色。因此,RGB 颜色模式又称为加色模式(如图 1-5 所示)。三种原色值的大小决定混合色的亮度,混合色的亮度等于各原色分量亮度之和。计算机显示器的显示是依靠晶体管发光成像,因此在用计算机进行图形图像处理时,便是依靠 RGB 颜色模式成像。

　　在色相环上,颜色之间的叠加存在着一定的规律。选取色相环上等量的两个颜色进行叠加,则叠加后的颜色,为两个颜色在色相环上中间位置的颜色。比如选取等量的红紫色和蓝绿色进行叠加,则叠加结果的颜色为蓝紫色(如图 1-6 所示)。

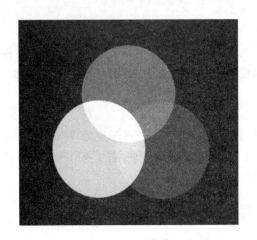

图 1-5　RGB 加色

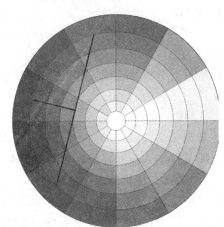

图 1-6　色相环

　　用 RGB 颜色模式来表示颜色时,以 8 位 RGB 颜色为例,代表由 $256(2^8)$ 种红色、$256(2^8)$ 种绿色、$256(2^8)$ 种蓝色进行组合,共可表示 2^{24} 种色彩。

1.4.2　CMYK 颜色模式

　　CMYK 颜色模式又称印刷色彩模式,青(Cyan)、品红(Magenta)、黄(Yellow)、黑(Black),其中,青色、品红色和黄色称为色彩的三原色,而色彩颜色的呈现是由于光的吸收和反射形成的,例如青色的物体显示为青色,是由于白色的混合光照射到物体上,青色的物体吸收了红色的光,反射绿色和蓝色的光,而绿色和蓝色的光叠加到一起为青色,因此,人眼看到的物体呈现为青色(如图 1-7 所示)。

　　因此,当青色和黄色的颜料叠加到一起时,红色的光线被青色的颜料吸收,蓝的光线被黄色的颜料吸收,最后只有绿色的光反射到人眼中,所以看到的物体,就呈现为绿色(如图 1-8 所示)。同样在理论上,世间存在的任何一种物体的颜色都可以由青、品红、黄这三种最基本的颜色组合而成,

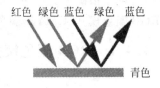

图 1-7　青色色彩呈现原理

根据三种原色不同配比的叠加,即可得到一种新的颜色,描述颜色叠加关系的公式为:物体反射的光线(某种颜色)=红绿蓝光线所混合的白光-青色吸收的光线(C 的浓度)-品红色吸收的光线(M 的浓度)-黄色吸收的光线(Y 的浓度)。因此,CMYK 颜色模式又称为减色模式。

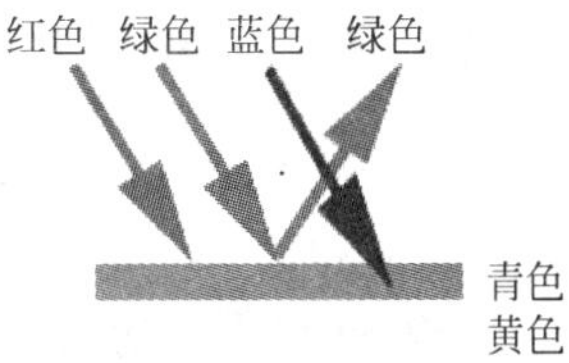

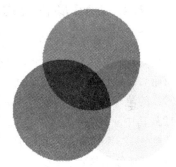

图 1-8 青色和黄色的颜料叠加呈现绿色

由上得知,三种原色的比例决定混合色的最终色相,等量的青色和黄色相加,品红色为 0 值时得到绿色;等量的品红色和青色相加,黄色为 0 值时得到蓝色;等量的品红色和黄色相加而蓝色为 0 时得到红色。当三种原色等量相加时,得到为一种灰阶值;三种原色均为最大浓度时,则呈现黑色,因为三种颜料吸收了所有颜色的光线;三种原色均为 0 值时,则呈现白色,即最大程度反射了混合的白光;三种原色等量为其他浓度值时,则呈现不同层级的灰色。(如图 1-9 所示)。CMYK 模式是用于打印的颜色模式,在打印时为更好的打印黑色,并非使用三个原色的叠加,而是单独配备的黑色墨盒 K(Black)。

由于真实世界中存在的颜料颜色有限,在图形图像打印时能打印的色彩范围是有限的,因此,在打印时存在色域的问题,在人眼能够识别的颜色范围内,能打印出的颜色范围只占其中的一部分,即 CMYK 色域中包含的颜色(如图 1-10 所示)。较为鲜艳的一部分颜色是打印不出的,在 Photoshop 软件中,往往出现颜色溢出警告(如图 1-11 所示),在由 RGB 模式转换为 CMYK 模式时,溢出的饱和度高、鲜艳的颜色由较暗的颜色代替。色域最广的是 LAB 颜色模式,同人眼可识别的范围相同(详见 1.4.4 节),其次为 RGB 颜色模式,色域最窄的颜色模式为 CMYK 颜色模式。

图 1-9 CMYK 减色

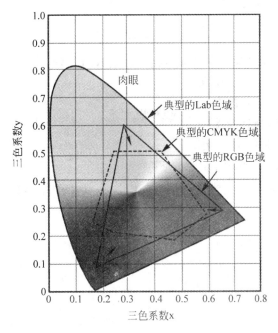

图 1-10 色域

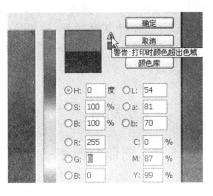

图 1-11 颜色溢出警告

1.4.3　HSB 颜色模式

HSB 颜色模式以人们对颜色的感觉为基础，描述了颜色的三种基本特性：色相（Hues）、饱和度（Saturation）和亮度（Brightness）。

色相，又称为色的名称，即色相环上各种颜色。最基本的色相为红、橙、黄、绿、蓝、紫。在各基本色的基础上，各添加一个色彩称之为间色，即可得到十二色相环，在 0～360 度的色相环上，色相是按照位置度量的，比如纯红色的 H 值为 0 度。白色和黑色无色相。

饱和度，表示颜色的纯度，S 的取值范围是 0～100%，值为 0 时颜色为灰色，值为 100 时，为该色相饱和度最大值，颜色纯度最高，色彩越艳丽。白色和黑色无饱和度。

亮度，表示颜色的明暗程度，B 的取值范围是 0～100%，值为 0 时颜色为黑色，值为 100 时颜色最鲜明。

1.4.4　LAB 颜色模式

LAB 颜色模式是一种在理论上表现颜色的模型，涵盖所有人眼能感知的色彩，包括三个通道，分别为照度（Luminosity）通道、A 颜色通道和 B 颜色通道。照度 L 用来表示颜色的明暗，A 表示从洋红色至绿色的范围，B 表示从黄色至蓝色的范围。

L 的值域由 0 到 100，表示从黑到白不同层级的灰度；A 和 B 的值域都是由 +127 至 -128，其中 +127A 是洋红色，渐渐过渡到 -128A 时变成绿色；同样，+127B 是黄色，渐渐过渡到 -128B 时变为蓝色。所有的颜色由三个值组合而成。例如，LAB 值是 L=54，A=81，B=70，色彩显示为纯红色。

LAB 色彩模型弥补了 RGB 色彩模型色彩分布不均的不足，因为 RGB 模型在蓝色到绿色之间的过渡色彩过多，而在绿色到红色之间又缺少黄色和其他色彩。

注意：将 RGB 模式转换成 CMYK 模式时，将自动将 RGB 模式转换为 LAB 模式，再转换为 CMYK 模式。

1.4.5　灰度颜色模式

灰度颜色模式是去除了彩色的色相，只保留黑白灰的颜色模式。在 RGB 模式转为灰度颜色模式时，会扔掉颜色信息（如图 1-12 所示），只保留 R 值、G 值和 B 值都相同的颜色。以 8 位 RGB 颜色为例，在 RGB 模式中三原色各有 256 个级别，当转化为灰度颜色模式后，由于只保留了 RGB 数值相等的颜色。因此只保留了 256 个灰度颜色，从黑色（R=0，G=0，B=0）到白色（R=255，G=255，B=255），中间包含了 254 种不同程度的灰色。

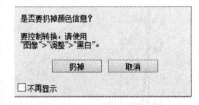

图 1-12　RGB 模式转为灰度模式

1.5　分辨率

1.5.1　图像分辨率

分辨率是和图像密切相关的概念，是用来衡量图像细节表现力的技术参数。常用的单位为像素/英寸(pixels per inch),简称 ppi,表示每英寸所包含的像素数目;另外还有一个单位为像素/厘米(pixels per centimeter),简称 ppc,表示每厘米包含的像素数目。图像分辨率的大小决定了图像输出的质量,图像分辨率越大,图像尺寸越大,该图像所包含的像素信息越多,所占存储空间越大。

在图形图像作品制作之初,首先要确定图形图像的尺寸及图像分辨率,根据最终的用途进行分辨率的设置,作品如用于网络传输或电脑屏幕观看,图像分辨率设置为 72 像素/英寸;若作品最终用于打印时,图像的分辨率需要设置为 300 像素/英寸。

注意: 图形文件打印时先栅格化成图像文件,然后进行打印。

1.5.2　设备分辨率

设备分辨率又称输出分辨率,单位是点/英寸(dots per inch),简称 dpi,指的是各类输出设备每英寸可产生的点数。包括计算机显示器的分辨率、打印机的分辨率等。计算机显示器的分辨率设置得越高,在显示器中可以显示的范围越大;同样尺寸的图形图像文件,相同比例显示时,在显示器上所占范围越小。

1.6　图层

在图形图像处理软件的操作中,图层是较为重要的一个概念,可以将图层看作是互相独立的透明玻璃纸,如果位于上面的图层有内容,则会覆盖位于下面的图层内容;如果上面图层中是没有内容的透明部分,则会将下面的图层内容显示出来(如图 1-13 所示)。

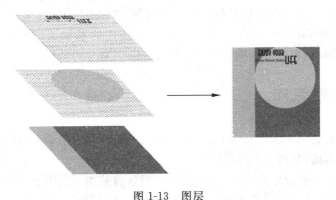

图 1-13　图层

在对图层进行操作的过程中,注意图层的叠放顺序。

习题

1. 位图图像和矢量图形各自的优缺点分别是什么?
2. 图形图像的处理软件都有哪些?各自的功能分别是什么?
3. RGB 颜色模式的含义是什么?
4. CMYK 颜色模式和 RGB 颜色模式的不同之处是什么?
5. 列举常见的图像文件格式和图形文件格式。

第 2 章

Adobe Photoshop CS6入门知识

本章学习目标

- 了解 Adobe Photoshop CS6 的工作界面
- 熟练掌握软件中辅助工具的使用
- 熟练掌握历史记录工具的使用

为保证 Adobe Photoshop CS6 软件的正常安装，要求 64 位操作系统，1GB 内存和 2GB 硬盘存储空间。Adobe Photoshop CS6 软件在前几代的基础上，添加了 3D 图像编辑、GPUOpenGL 加速、内容智能识别、透视裁切、Adobe 云服务等功能。

2.1　工作界面

在计算机上安装 Adobe Photoshop CS6 软件后，可以双击桌面上软件的快捷方式，从而进入软件的工作界面（如图 2-1 所示）。

工作界面可以调整成用户自定义的工作区，可以将某些不常用的面板隐藏，或者将常用的面板组合到一起，并且可以将调整好的工作区存储为预设的方案。工作界面主要包括菜单栏、控制面板、工具面板、面板组和工作区五部分。

菜单栏用于将操作命令分类管理，例如，用户可以通过菜单栏"窗口"下拉菜单选择需要显示或者隐藏的面板。

控制面板用来显示当前所选择工具的属性及选项。

工具面板包括用于处理图像的各类工具，并且将功能相关的工具编为一组，工具面板主要包括选择工具组、画笔与修复工具组、矢量图形工具组以及查看和颜色。

工作区是处理打开图像的主要区域，在该区域可以将打开的图像拖动、组合、排列、最大化、最小化或者关闭处理。

面板组用来显示当前工作区中活动图像的各种属性，常用的面板组有图层面板、历史记

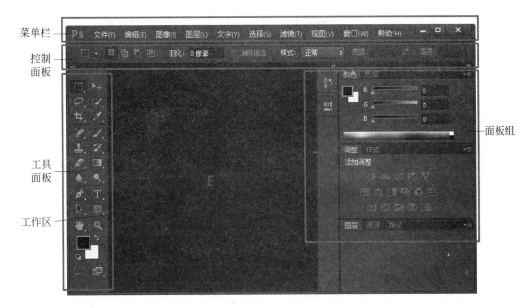

图 2-1　工作界面

录面板、颜色面板、调整面板、样式面板、通道面板、路径面板、动作面板。图层面板主要显示工作区中活动图像所包含的图层信息；历史记录面板用来更改图像操作的步骤；颜色面板用来调整前景色和背景色的 RGB 颜色值；调整面板用来添加带有蒙版的调整图层，可以为活动图像添加"色彩平衡"等调整图层，可以在原来图像信息不受损失的前提下，调整图像的色彩；样式面板用来存储软件预置和用户自定义的图层样式，可以对图层应用"投影""外发光""斜面和浮雕"等样式效果；通道面板用来修改图像的通道信息，从而达到调整图像颜色和存储图像选区的目的；路径面板用来绘制矢量的形状、存储和修改选区；动作面板可以将一系列的操作命令记录下来，实现操作的自动化处理。

2.2　图像的操作

2.2.1　图像的打开

将要处理的图像在 Adobe Photoshop CS6 软件中打开有 3 种方式：第一种方式，按住鼠标左键，拖曳资源管理器中的图像到软件中工作区的空白位置，然后松开鼠标左键，可以将选中的单个或者多个图像在软件中打开；第二种方式，在软件菜单栏中选择"文件"菜单中的"打开"命令（或按快捷键 Ctrl＋O），打开"打开"对话框（如图 2-2 所示），选择需要的图像，单击"打开"按钮；第三种方式，在软件工作区的空白位置双击，即可弹出"打开"对话框。

2.2.2　图像的保存

将处理完成的图像进行保存，可以使用"文件"菜单中的"存储"命令（快捷键为 Ctrl＋S）和"存储为"命令（快捷键为 Ctrl＋Shift＋S），弹出"存储为"对话框（如图 2-3 所示），然后选择需要保存的图像位置，修改保存的图像名，并在"格式"下拉列表中选择需要保存的图像格

图 2-2 "打开"对话框

图 2-3 "存储为"对话框

式进行存储,设置完成后,单击"保存"按钮即可。

图像文件存储为可以支持图层和 Alpha 通道的 PSD 格式时,存储选项中默认会选择存储图像文件中的图层及 Alpha 通道信息(如图 2-4 所示)。

图 2-4　存储选项

2.2.3　图像的新建

图像设计作品首先需要按照要求的尺寸、分辨率、颜色模式等图像属性进行设置,在"文件"菜单中选择"新建"命令(快捷键为 Ctrl＋N),打开"新建"对话框,在该对话框中可以按照预设参数对图像的尺寸、分辨率、颜色模式等参数进行统一配置(如图 2-5 所示),在"预设"下拉菜单中进行选择。

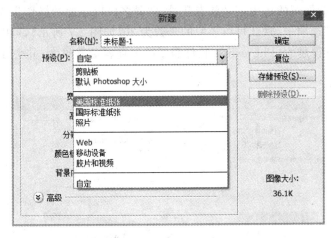

图 2-5　新建预设

使用"自定"的图像预设,则用户可以完全按照需求对图像的尺寸、分辨率、颜色模式等参数进行设置,并且可以将文件设置为背景透明(如图 2-6 所示)。

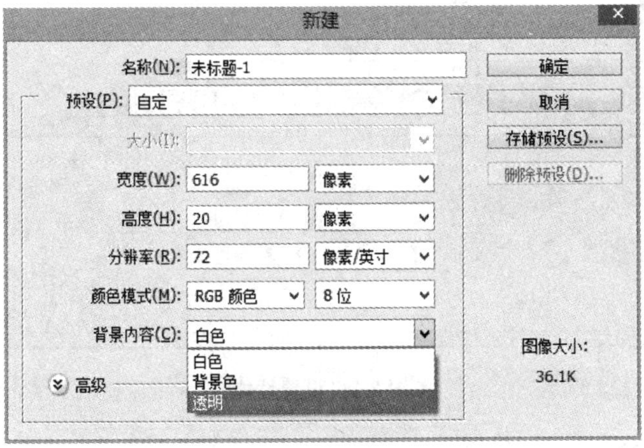

图 2-6　设置透明背景

注意：设置为透明背景的图片在保存时，需要保存为支持透明背景的图片格式，例如保存为 gif 格式。

2.3 预设参数

预设参数是在打开 Adobe Photoshop CS6 后，开始操作图形图像之前，需要设置的一系列参数，可以根据用户的需求，更加个性化地设置软件功能，通常会设置历史记录、内存消耗、光标和网格的显示方式、参考线、标尺、软件界面等几项。打开方式为在"编辑"菜单中选择"首选项"命令，打开"首选项"对话框（快捷键为 Ctrl+K）。

1. 历史记录步数的修改

历史记录是用来还原上步及上几步的操作，设置历史记录的步数，可以控制软件中"历史记录"面板中所能保留的历史记录状态数量，即最多可以还原的操作步数。单击"首选项"对话框中的"性能"选项卡，默认可以还原的步数为 20（如图 2-7 所示），可以设置的最大值为1000。这个值设置得越大，Photoshop 软件需要的内存容量就越大，并会在一定程度上降低软件响应速度。

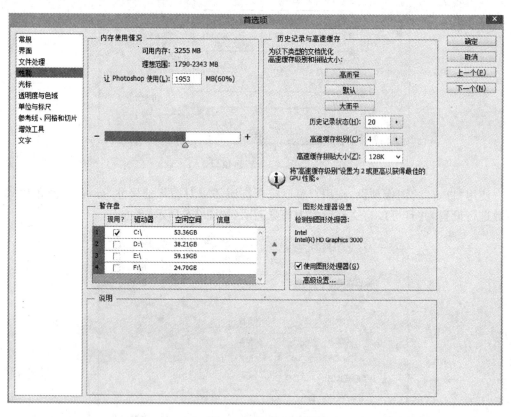

图 2-7　设置性能

2. 高速缓冲级别

高速缓冲级别又称缓冲等级，指图像在处理过程中数据的高速缓存级别数，用于调整屏幕重绘和直方图显示的速度。一般来说，设置具有少量图层的大型文档时，设置较高的高速缓存级别；设置图层较多的小型文档时，设置较低的高速缓存级别。默认的高速缓冲级别值为4，可以设置的最高值为8(如图2-7所示)，值的更改在下一次启动软件后生效。

3. 内存消耗和暂存盘

内存消耗是分配给Photoshop的内存量。在软件处理图像时，需要暂时消耗大量的内存及硬盘空间，一旦处理的图像所占容量太大，即出现"无法处理，暂存盘已满"的问题，此时，需要重新设置一下暂存盘的使用情况，选择空闲空间较大的硬盘作为Photoshop软件的暂存盘，设置完成后重启Photoshop软件生效。

4. 网格和参考线

选择"编辑"菜单中的"首选项"命令，单击"参考线、网格和切片"选项卡，可以设置参考线、智能参考线、网格和切片的颜色和样式，并且可以设置网格线及子网格线之间的间距(如图2-8所示)。

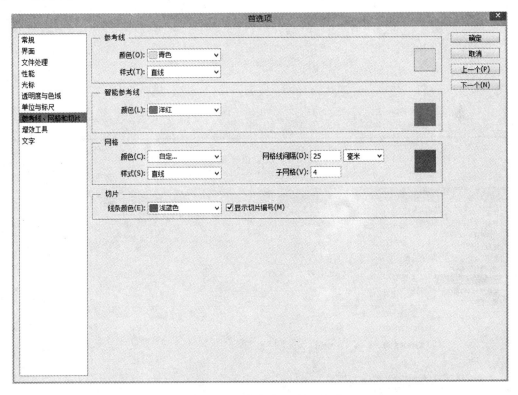

图 2-8　设置参考线、网格和切片

5. 光标

选择"编辑"菜单中的"首选项"命令，单击"光标"选项卡，可以设置绘画笔头、修复画笔笔头、吸管等光标的显示样式(如图2-9所示)。

6. 单位与标尺

选择"编辑"菜单中的"首选项"命令，单击"单位与标尺"选项卡，可以设置标尺及文字显示的默认单位，列尺寸和默认点的大小，以及设置新文档的预设分辨率(如图2-10所示)。默认用于打印的图像文档分辨率设置为300像素/英寸，用于屏幕显示的图像文档分辨率设置为72像素/英寸。

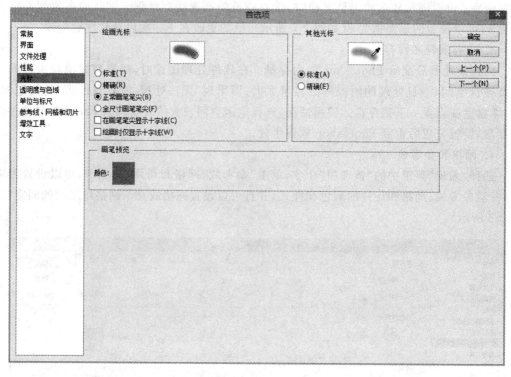

图 2-9　设置鼠标显示

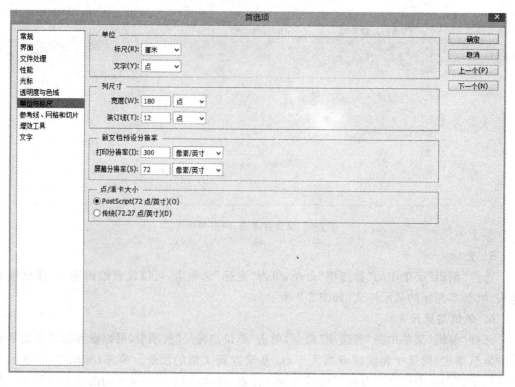

图 2-10　设置单位与标尺

2.4　辅助工具

在 Photoshop 软件中，使用辅助的命令和工具，可以帮助用户更方便地对图像进行处理。

1. 吸管工具

吸管工具　用来吸取活动画面中的像素颜色，并将其设置为前景颜色。选择工具面板中的吸管工具，在属性栏"取样大小"中选择"取样点"，在画面中单击想要吸取的颜色，则前景色设置为吸管工具所在位置的颜色，在信息面板中，明确显示出吸取颜色的 RGB 数值（如图 2-11 所示）。

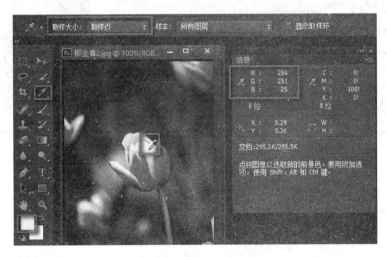

图 2-11　吸取取样点处颜色

修改属性栏"取样大小"的值，在下拉菜单中选择"31×31 平均"，用吸管工具吸取活动画面中相同像素的颜色，则发现前景颜色并未设置为吸管工具所在位置的颜色，而是所在位置周围 31×31 个像素颜色的平均值，在信息面板中，可以明确获得该颜色的 RGB 数值（如图 2-12 所示）。

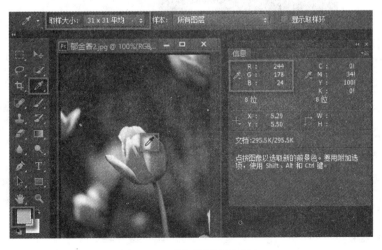

图 2-12　吸取周围平均颜色

在工具面板中,按住吸管工具不放,可以选择弹出菜单中的颜色取样器工具 ,在打开的图像上单击鼠标,即可创建一个颜色取样点,并在信息面板中可以分别获得取样点处像素的 RGB 值(如图 2-13 所示)。

要删除图像中的所有取样点,可以单击属性栏中的"清除"按钮;要删除其中某一个颜色的取样点,则在按下 Alt 键的同时,鼠标变成剪刀,单击需要删除的颜色取样点即可(如图 2-14 所示)。

图 2-13　颜色取样　　　　　　　　　　　　图 2-14　删除颜色取样点

2. 标尺、参考线和网格

"视图"菜单中的标尺、参考线和网格命令主要用来更加精确地测量画面中的尺寸,以及进行画面中元素更为准确的定位。在图像中显示标尺的方法是:在"视图"菜单中选择"标尺"命令(快捷键为 Ctrl+R),在当前操作的图像上方和左侧会出现标尺(如图 2-15 所示)。拖曳标尺左上角空白位置,可以改变标尺的原点(如图 2-16 所示)。

图 2-15　显示标尺

在上方的标尺处按住鼠标左键向下拖曳,到需要的位置松开鼠标左键,可以添加一条水平的参考线(如图 2-17 所示);在左侧的标尺处按下鼠标左键向右拖曳,可以添加一条垂直的参考线;显示和隐藏参考线的快捷键为"Ctrl＋;";将鼠标放在参考线上,当光标变成双向箭头时,可以移动参考线的位置;将参考线拖回标尺,则删除该参考线。

图 2-16　修改标尺原点

图 2-17　添加参考线

在"视图"菜单中选择"显示"中的"网格"命令(快捷键为 Ctrl＋'),可以将预设参数设置的网格及子网格显示在当前操作的图像中(如图 2-18 所示)。将"对齐"前面的对号选中,则在对图像操作的过程中,会自动对齐到参考线和网格上。

图 2-18　对齐命令

3. 标尺工具

标尺工具 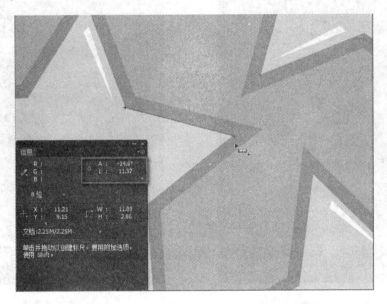 用来测量图像中元素的长度的精确尺寸,以及画面中的角度。

在工具面板中选中标尺工具,在测量长度的起始端单击鼠标,建立一个锚点,沿着要测量的边拖动鼠标到该长度的终点,则可以在属性栏及信息面板中查看拖曳出的线段长度(如图 2-19 所示)。

图 2-19　测量长度

要测量图中角的精确度数,在线段的末端按住 Alt 键,鼠标变成角度显示 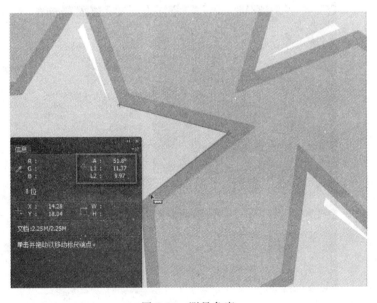,拖曳出角的另外一条边,则可以测量两条线段中间夹角的精确度数,结果显示在信息面板中(如图 2-20 所示)。

图 2-20　测量角度

4. 裁切工具

1）裁切工具

选择工具面板中的裁切工具▣，打开需要裁切的图像，则在需要裁切的图像周围出现8个控制点（如图 2-21 所示）。

移动需要裁切的图像部分与控制框的左上角控制点对齐，用鼠标拖曳左上角的控制点，移动图像的左上角与该控制点对齐（如图 2-22 所示），在 Photoshop CS6 以前的版本，拖曳左上角的控制点时，移动的是控制框。

图 2-21　裁切图像

图 2-22　移动图像与控制框左上角对齐

由于需要裁切的图像部分有可能是倾斜的，则需要旋转图像与控制框保持一致，将鼠标光标放在控制框右上角，当光标变成左右双向箭头时，拖曳图像旋转（如图 2-23 所示）。同样，在 Photoshop CS6 以前的版本，旋转的是控制框，该版本便于查看修改后的结果。

调整右下角的控制点，与图像需要裁切的部分重合（如图 2-24 所示）。图像中其他部分则由半透明的灰色覆盖，代表被裁切掉的地方。

图 2-23　旋转图像

图 2-24　调整完成

上述操作完成后，需要进行最后的确认，确认的方法有 3 种，一是单击上方属性栏中的对勾（如图 2-25 所示）；二是按 Enter 键；三是双击鼠标。

裁切后的图像是在原图上直接裁切完成的（如图 2-26 所示），如果需要保留原图，则在保存图像时选择图像"另存为"命令。

图 2-25　确认操作　　　　　　　　　　图 2-26　裁切后的结果

2）透视裁切工具

透视裁切工具 是在裁切图像的同时，对图像进行透视变形。例如，在制作三维模型贴图时，拍摄的素材稍微有些透视变形，使用透视裁切工具，可以在裁切图像的同时，将图像修改为正面拍摄效果。

首先，选择透视裁切工具，在需要裁切的图像边缘依次单击鼠标，创建裁切控制点（如图 2-27 所示）。

然后，对未对齐的控制点进行进一步的位置调整，将光标放在控制点上，当光标变成移动箭头时，对控制点进行移动（如图 2-28 所示）。

图 2-27　创建控制点　　　　　　　　　　图 2-28　调整控制点

　　最后，调整完毕，单击属性栏中的对勾确认操作，方法与裁切工具一致，则图像在裁切的同时，进行透视的修整（如图 2-29 所示）。

5. 缩放和查看图像工具

　　选择工具面板中的缩放工具 ，当操作画面中的鼠标放大镜为加号时，单击鼠标为放大图像（如图 2-30 所示）；按 Alt 键，则鼠标放大镜变为减号，单击鼠标为缩小图像（如图 2-31 所示）；放大和缩小按键也可以在属性面板中切换。在 Photoshop CS6 版本中，还可以通过在图像中向左上方拖曳鼠标左键进行图像的缩小，向右下角拖曳鼠标左键进行图像的放大。

　　抓手工具 用来查看图像。当图像放大到画布无法显示全部时，可以通过抓手工具直接在画面中拖动

图 2-29　裁切后的结果

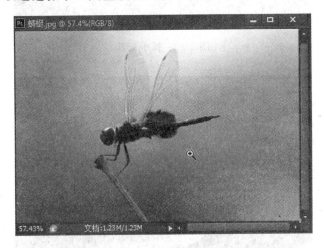

图 2-30　放大图像

图 2-31　缩小图像

查看(如图 2-32 所示)。在图像进行编辑的过程中,按下空格键,可以随时将鼠标切换到抓手工具。选择旋转视图工具 ▧ 可以旋转图像的画布(如图 2-33 所示),按住 Shift 键,同时使用旋转视图工具,可以每次将图像旋转 15 度。

图 2-32 抓手工具

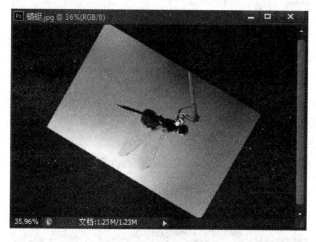

图 2-33 旋转视图工具

6. 注释工具

选择工具面板中的注释工具 ▧ ,在画面中单击鼠标,即可添加一个注释标志。可以在注释面板中添加对画面的文字说明,该解释并不会对原图造成任何修改,单击注释标志可以显示或隐藏注释。同时,可以在属性面板中设置注释标志的颜色、作者等信息(如图 2-34 所示)。

7. 切片工具

切片工具 ▧ 和切片选择工具 ▧ 主要应用在网页版面设计中,在设计完成整个页面布局之后,将页面按照网页的功能要求,分割成若干个切片,便于网页的进一步制作,以及提高网页在网络上的传输速度。在切片工具按钮按下时,拖曳鼠标左键即可完成切片操作,保存时需要存储为 Web 所用格式。

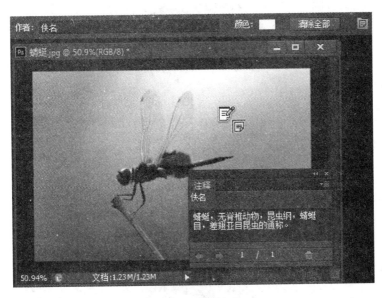

图 2-34　添加注释

2.5　历史记录

1. 历史记录面板

　　历史记录面板可以记录下图像的有效操作,能够记录的操作步数在预设参数中修改。例如,打开图像时,在历史记录面板中会记录"打开"操作(如图 2-35 所示)。在图像操作过程中,每一步有效的操作状态都记录下来(如图 2-36 所示),当出现一些操作失误需要撤销的时候,历史记录面板可以帮助用户恢复图像若干操作步骤之前的状态,只需单击历史记录面板中相应的操作步骤即可(如图 2-37 所示)。

图 2-35　打开图像

图 2-36 头发颜色修改

图 2-37 恢复操作

在图像操作完成后,单击历史记录面板下方的创建新快照按钮 📷 ,可以在历史记录面板上方创建一个图像操作完成的快照 1,单击原图和快照,能够快速切换查看,并对比修改前后的效果(如图 2-38 所示)。

图 2-38 创建新快照

单击历史记录面板下方的从当前状态创建新文档按钮，可以将修改后的图像效果以新建的图像文档形式打开，文档名为快照1(如图2-39所示)。

图2-39　创建新快照

2. 历史记录画笔

在工具面板中选择历史记录画笔，该画笔可以部分恢复到任意操作步骤，首先，打开历史记录面板，在想要恢复的操作左侧单击鼠标，历史记录画笔的标志出现在该操作的左侧复选框中；然后，选择历史记录画笔在画面中绘画，按住鼠标左键拖曳涂抹，则可以绘画出该操作的部分效果(如图2-40所示)，详见5.1.2节。

图2-40　历史记录画笔

3. 历史记录艺术画笔

在工具面板中选择历史记录艺术画笔，该画笔不但可以部分恢复到任意操作步骤，而且会增加一些笔触效果。打开一张图片(如图2-41所示)，在图层面板中单击创建新图层，将前景色调为白色，选择工具面板中的油漆桶工具，在新建的透明图层上单击，将整个画面人物覆盖。

将原图用历史记录艺术画笔进行恢复,则在恢复原图的同时添加一些效果,选择工具面板中的历史记录艺术画笔工具,在属性栏中选择样式"轻涂"(如图 2-42 所示)。

图 2-41　打开图片　　　　　　　　图 2-42　设置历史记录艺术画笔

最后,在历史记录面板中,保持历史记录艺术画笔工具标志在原图的左侧,使用历史记录艺术画笔在画布上涂抹,可以得到最终的图像效果(如图 2-43 所示)。

图 2-43　绘画结果

习题

1. 安装好 Adobe Photoshop CS6，熟悉软件工作界面，并设置相应的预设参数。
2. 在 Adobe Photoshop CS6 软件中打开一个 jpg 图像，将图像另存为 gif 格式。
3. 学会灵活使用历史记录面板及历史记录画笔工具。

第 3 章

图像的选区与抠图

本章学习目标

- 掌握选区工具组的使用方法
- 学会灵活选用合适的选区工具进行图像操作
- 熟练进行图像的抠图操作

选区工具组包括规则选区工具组、套索工具组、快速选择工具和魔棒。选区工具是最常用到的图像全部或部分的选取工具。选区选中的区域由闪烁的虚线包围,区域内的图像部分可以做移动、复制、变形、绘制等任意操作,而选区之外的图像部分则不能被操作。

3.1 选区工具组

3.1.1 规则选区工具组

规则选区工具组包括矩形选区工具 ▦、椭圆选区工具 ◯、单行选区工具 ▭ 和单列选区工具 ▯。选中矩形选区工具,在属性栏中选择创建选区的方式 ▣▣▣▣,默认选中第一个按钮为创建新选区,按下第二个按钮为添加到选区,按下第三个按钮为从选区中减去,按下第四个按钮为与原选区相交。下面以矩形选区工具为例,详细介绍规则选区工具组的使用。

首先使用矩形选区工具创建一个新选区,当在属性栏中默认按下第一个按钮"创建新选区"时,在画面中按下鼠标左键,向右下方拖动鼠标,则创建一个矩形选区(如图 3-1 所示)。此时将鼠标光标放到选区内,拖曳鼠标左键可以移动选区。要取消选区时,保持选区工具选择的状态,在选区外单击鼠标,或者同时按下 Ctrl 键和 D 键。

在创建选区前,可以修改选区属性栏的羽化值,当默认羽化值为 0 像素 ▦▦▦ 时,创建矩形选区后,使用工具面板中的移动工具 ▸◂,在选区中鼠标光标呈现剪切标志 ▸◂,按住鼠标左键拖曳,则可以移动选区内的图像内容。由于羽化值为 0 像素,选区边缘的图像清晰(如图 3-2 所示)。

图 3-1　矩形选区

图 3-2　移动矩形选区内图像

要复制选区内的图像,可以使用"编辑"菜单下的"拷贝"命令(快捷键为 Ctrl＋C);要粘贴图像,使用"编辑"菜单下的"粘贴"命令(快捷键为 Ctrl＋V);要剪切选区内的图像,使用"编辑"菜单下的"剪切"命令(快捷键为 Ctrl＋X)。

在创建选区前,修改选区属性栏的羽化值为 15 像素 [羽化: 15像素] 时,创建的矩形选区呈现圆角矩形状态。使用工具面板中的移动工具 ,在选区中鼠标光标呈现剪切标志 ,按住鼠标左键拖曳,则可以移动选区内的图像内容。由于羽化值为 15 像素,选区边缘的图像模糊(如图 3-3 和图 3-4 所示),实现虚化的羽化效果。羽化值越大,羽化的虚化效果越明显。当羽化值的大小超过选区内像素数时,软件会弹出警示框,提示选区边不可见(如图 3-5 所示)。

图 3-3　羽化后的矩形选区

图 3-4　移动选区内图像

图 3-5　警示框

在属性栏默认选择第一个按钮"创建新选区"时,画面中只可以保留一个选区的状态。选择第二个按钮"添加到选区",鼠标箭头右下角为加号,可以将新创建的选择区域添加到原来的选择区域内(如图 3-6 所示),同样是拖曳鼠标左键创建,创建结果如图 3-7 所示。

图 3-6　添加到选区

图 3-7　创建完成

选择第三个按钮"从选区中减去",鼠标箭头右下角为减号,可以将新创建的选择区域从原来的选择区域内减去(如图 3-8 所示),同样是拖曳鼠标左键创建,创建结果如图 3-9 所示。

图 3-8　从原选区中减去

图 3-9　创建完成

选择第四个按钮"与原选区相交",鼠标箭头右下角为乘号,最终可以选择新创建的选择区域与原来的选择区域相交叉的部分(如图 3-10 所示),同样是拖曳鼠标左键创建,创建结果如图 3-11 所示。

在使用矩形选区工具和圆形选区工具的情况下,在属性栏中可以选择选区的样式(如图 3-12 所示)。默认"正常"情况下,选区的大小和长宽比均由鼠标拖动控制;如果选择"固定比例",则可以锁定矩形选区的长宽比,拖动鼠标放大缩小时,均维持在设定的长宽比例;如果选择"固定大小",则输入选区长宽的固定像素值,在画面中单击鼠标即可创建。

椭圆选区工具 的创建和操作与矩形选区工具相同,在属性栏中增加一项消除锯齿 ，如果选择该复选框,选取的选区边缘会做消除锯齿的操作;如果不选择该复选框, 则选区边缘的图像会出现锯齿状(如图 3-13 所示)。

图 3-10　创建相交选区

图 3-11　创建完成

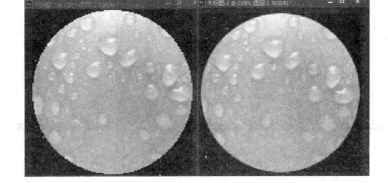

图 3-12　创建样式　　　图 3-13　未消除锯齿(左)和消除锯齿(右)

单行选区工具 用来选择图像中高度为 1 像素的整行图像,在图像中单击鼠标即可 创建。

单列选区工具 用来选择图像中宽度为 1 像素的整列图像,在图像中单击鼠标即可 创建。

3.1.2　套索工具组

套索工具组包括自由套索工具 、多边形套索工具 和磁性套索工具 。

自由套索工具绘制选区的方法为:按住鼠标左键在画面中拖曳,鼠标所绘制的痕迹为 选区边缘(如图 3-14 所示),直到鼠标回到绘制的起始点再松开鼠标左键,则完成封闭的选 区创建(如图 3-15 所示)。如果在绘制过程中松开鼠标,则松开鼠标的位置与起点以直线连 接,构成封闭的选区。

多边形套索工具绘制选区的方法为:单击鼠标在画面中创建选区的起点,松开鼠标后 移动,拖曳出一条边,在合适的位置单击鼠标创建锚点,两个锚点之间即可形成多边形的一 条边(如图 3-16 所示),继续移动鼠标到合适的位置单击鼠标,直至鼠标回到起始的锚点,则完成封闭的选区创建（如图 3-17 所示）。如果在绘制过程中双击鼠标，则鼠标所在的位置与起点以直线连接，构成封闭的选区。

图 3-14　绘制选区

图 3-15　创建完成

图 3-16　创建多边形选区

图 3-17　创建完成

磁性套索工具绘制选区的方法为：单击鼠标在画面中创建选区的起点，松开鼠标，然后沿着想要选择的画面边缘移动，软件通过像素的颜色差别，可以识别出图像边缘，自动添加锚点（如图 3-18 所示）；用户可以在软件不能识别的位置单击鼠标，手动添加锚点，并可以随时按下键盘的 Backspace 键（回格），删除不需要的锚点，直至鼠标回到起始的锚点，则完成封闭的选区创建（如图 3-19 所示）。如果在绘制过程中双击鼠标，则鼠标所在的位置与起点以直线连接，构成封闭的选区。

图 3-18　磁性套索选区创建

图 3-19　创建完成

磁性套索工具的属性栏中，宽度代表识别的边缘像素宽度，默认值为 10 像素 ，值越大，比较的像素越多；对比度代表识别的颜色差异程度，默认值为 10% ，值越大，边缘选择越难以精确；频率代表软件自动生成锚点的频率，默认值为 57 ，值越大，自动生成的锚点越多。

3.1.3 快速选择工具和魔棒

快速选择工具 可以通过在画面中涂抹的方式，快速选择颜色相近的图像区域。属性栏中 可以设置创建选区、添加到选区和从选区中减去，默认选择添加到选区按钮 ，可以通过按住鼠标左键，在画面中涂抹，扩大选择区域（如图 3-20 所示）。在涂抹选择的过程中，若要去除多余的选择区域，选择属性栏中的从选区中减去按钮 ，同样按住鼠标左键拖动，以涂抹的方式去除多余的选择区域（如图 3-21 所示）。

图 3-20 快速选择

图 3-21 去除多余选择区域

由笔触大小控制涂抹选择的范围，设置的笔触越大，涂抹时选中的图像区域范围越大。默认笔触大小为 30 像素（如图 3-22 所示）。笔触其他选项的详细功能，在 5.1.1 节画笔工具组中讲解。

属性栏中的"自动增强"命令用来控制选区边界的粗糙度。选择此复选框后，可减少选区边界的粗糙度，使选区做一些边缘调整。

魔棒工具 通过单击鼠标，选中与单击位置相近的一块颜色区域（如图 3-23 所示）。该颜色的取样通过属性栏中的取样大小来控制。例如选择 31×31 平均取样，则选择的颜色区域按照鼠标单击周围 31 个像素的平均颜色进行选择（如图 3-24 所示）。

属性栏中的容差工具 用来控制选择颜色的相近程度，默认值为 32，值越大，单击图像同一位置时，所选择的图像范围越大。

图 3-22 笔触设置

连续工具 用来控制选区是否连续。选择此复选框后，只选择图像中颜色相近的连续区域；若不选择此复选框，则选择整张图像中所有颜色相近的区域。

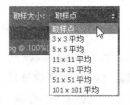

图 3-23　魔棒使用　　　　　　　　　图 3-24　取样大小

3.1.4　调整边缘

　　"调整边缘"功能是 Photoshop 高级版本新添加的功能,是对原来版本"滤镜"菜单下"抽出"功能的增强,在各个选择工具中的属性栏中均存在,用来帮助更好地选择图像,更好地识别图像中物体的颜色边缘。在操作图像上用矩形选区工具选择一个区域,按下属性栏中的"调整边缘"按钮 调整边缘 ,则会弹出"调整边缘"对话框(如图 3-25 所示)。选择选区内外的图像显示方式,通过调整"智能半径"的大小,控制检测选区边缘像素的宽度;调整"平滑"的大小,可以改变选区边缘图像的平滑程度;调整"羽化"和"对比度"的大小,可以分别控制选区边缘图像的羽化程度和边界清晰程度;调整"移动边缘"的大小,可以扩展和收缩选区。利用"调整边缘"功能,最终得到满意的选区内图像内容,并且按照设置的输出方式,单击"确定"按钮输出。

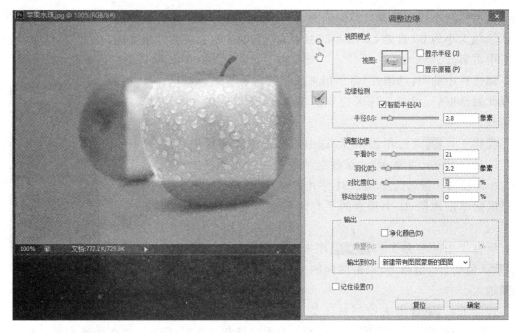

图 3-25　"调整边缘"对话框

输出方式包括"输出到选区""输出到图层蒙版""输出到新建图层""新建带有图层蒙版的图层""输出到新建文档"以及"新建带有图层蒙版的文档"("蒙版"概念详见10.2节)6种。"输出到选区"将最终调整的选区结果仍显示为选区;"输出到图层蒙版"则为默认选择的图层添加图层蒙版;"输出到新建图层"将选区内图像以新建的图层显示;"新建带有图层蒙版的图层"是在原图的基础上,新建一层图像图层,并将选区内图像以蒙版显示;"输出到新建文档"将选区内图像保存为一个新图像文档;"新建带有图层蒙版的文档"是将选区内图像以蒙版显示,保存在一个新建的图像文档中。

3.2 案例与提高

3.2.1 将人物从背景中抠出

给照片中的主角更换背景,在图像处理过程中较为常见。首先需要分析一下图像和背景颜色的差异,背景为单色时,最好使用"魔棒"工具选择背景,按下Ctrl+Shift+I快捷键反选即可;对于背景较为复杂的图像,一般使用"磁性套索"工具选择(如图3-26所示)。

在选择图像之前,需要将图像放大,以便于更加精确地选择,可以使用"放大镜"工具,或按住Alt键,同时滚动鼠标滚轮。此时工作界面无法全屏显示放大图像,可以平移查看图像。快速平移查看图像的方法是:按下空格键,则鼠标光标变成小手状,即可拖动鼠标左键进行查看(如图3-27所示)。

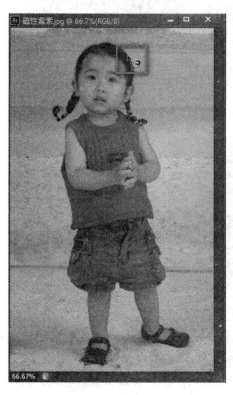

图 3-26 磁性套索

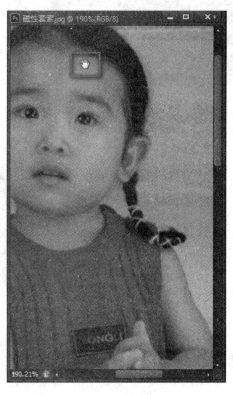

图 3-27 移动图像

使用"磁性套索"工具在人物边缘移动鼠标,则自动识别出人物和背景的差异边缘,并在边界处添加锚点;如果出现选择失误,则移动鼠标到正确的位置,同时按下回格键(Backspace),删除错误的锚点(如图3-28所示);在选择的过程中,可以随时按下空格键,拖动图像到合适的位置后松开空格键,即还原为"磁性套索"工具继续选择。

人物外边缘选择完成后,在肩膀和头发之间有一些图像不应包括在选区内,在"磁性套索"工具的属性栏中按下"从选区中减去"按钮(如图3-29所示),选择不需要的图像边缘(如图3-30所示)。

图 3-28　选择人物边缘

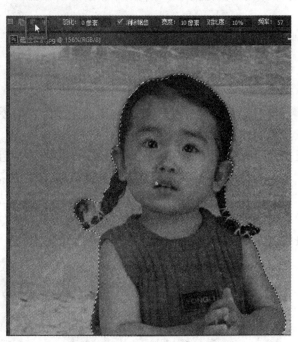

图 3-29　外边框选择完成

图 3-30　从选区中减去

选择完成后(如图3-31所示),发现辫梢处等细节需要进行精细调整,在属性栏单击"调整边缘"按钮,打开"调整边缘"对话框,对已完成的选区进行修改。

调整视图模式为"背景图层"模式(如图3-32所示),图像的背景为透明显示,可以发现头发处并未精确选择,另外,图像边缘不够清晰(如图3-33所示)。

图 3-31　完成效果

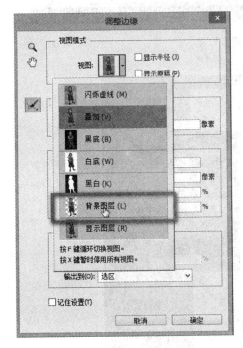

图 3-32　"调整边缘"对话框

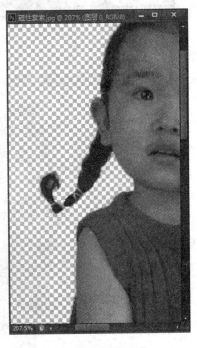

图 3-33　背景透明

　　在"调整边缘"对话框中,修改选区检测半径以及调整边缘的各个参数,可以直观地在图像中获得图像中人物抠出的结果,经调整完成,人物边缘对比度加大,并控制头发的精确显示(如图 3-34 所示)。

　　选择输出模式为"新建文档",则抠出的人物以新建的文档进行显示,输出的背景透明(如图 3-35 所示)。

图 3-34　调整边缘

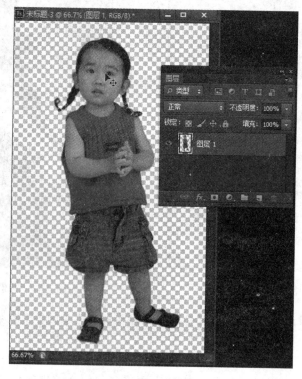

图 3-35　生成新文档

拍摄或从网络下载一张草地图像，并在 Photoshop 软件中打开（如图 3-36 所示）。

图 3-36　打开图片

使用"移动"工具拖曳草地图像到新建的人物文档中，并将草地所在图层拖动到人物图层的下方，则作品最终完成（如图 3-37 所示）。

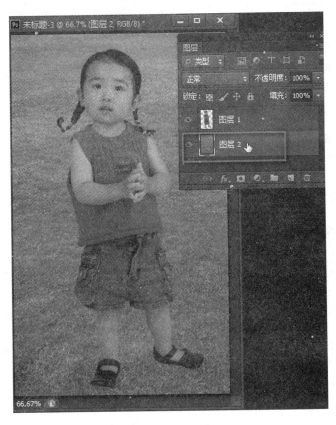

图 3-37　最终结果

3.2.2 制作相框图片

利用选区工具制作相框图片,即将一个图像放到另外图像的一个区域中。打开一张五角星的图像,观察可知,该图像区域适合使用"多边形套索"工具选择一个区域(如图 3-38 所示),单击鼠标创建锚点,当鼠标回到起始点创建完成(如图 3-39 所示)。

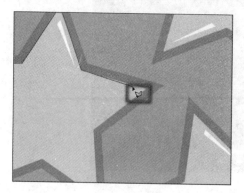

图 3-38 多边形套索

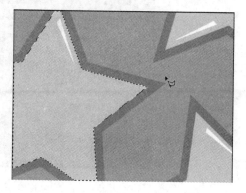

图 3-39 完成选区

打开一张人物图像,利用"选择"菜单中的"全选"命令,或按下 Ctrl+A 快捷键,将该图像全选(如图 3-40 所示)。

在人物图像编辑状态下,利用"编辑"菜单中的"拷贝"命令,或按下 Ctrl+C 快捷键,将选区内的图像复制到剪贴板(如图 3-41 所示)。

图 3-40 全选图像

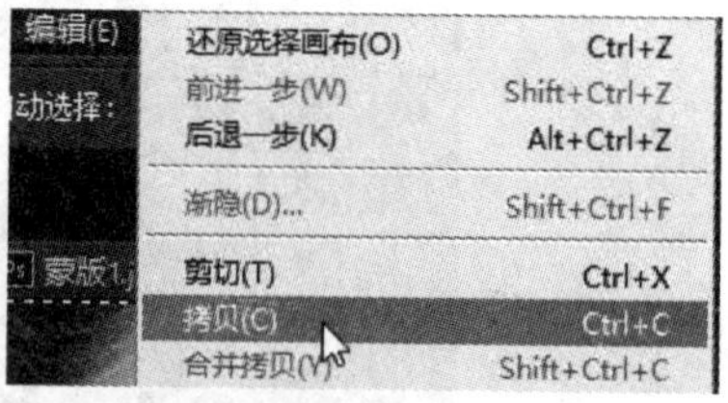

图 3-41 拷贝图像

选择五角星图像,在保证选区存在的前提下,选择"编辑"菜单下的"选择性粘贴"|"贴入"命令(如图 3-42 所示),将剪贴板中的人物图像全部粘贴入选区中。

此时可以使用移动工具,移动人物图像到合适的位置,完成该相框的制作(如图 3-43 所示)。

图 3-42　粘贴入

图 3-43　最终结果

习题

1. 熟练并灵活使用规则选区工具组。

2. 拍摄或下载一张人物图片，并将其从背景中抠出。

3. 了解"粘贴入"命令的使用方法，设计完成一个相框图片作品。

第 4 章

图像的修复

本章学习目标
- 熟练掌握各种图像修复工具的使用方法和功能
- 重点区分修复画笔工具和仿制图章工具的不同效果
- 根据对实际案例的操作,实现图像修复工具的灵活使用

在图像作品合成加工之前,对拍摄、扫描或下载的图像素材按照设计要求进行修复,去除图像上的折痕、污点,去除图像中多余的画面,修改图像中部分画面的颜色,或者修补残缺的画面。本章重点讲解修复画笔工具组和修复图像颜色工具组的使用。

4.1 图像修复工具

4.1.1 修复画笔工具组

修复画笔工具组包括污点修复画笔工具、修复画笔工具、仿制图章工具、修补工具、内容感知移动工具。使用这些工具可以修复画面中多余或残缺的图像,复制画面中的图像内容,以及智能删减画面中的背景。

1. 污点修复画笔工具

污点修复画笔工具 可以根据涂抹位置处周围的背景图像进行计算,自动将视为污点或多余的图像抹去,替换成背景图像,并可以和周围的颜色较好地融为一体。打开一张图像(如图 4-1 所示),若要将画面中的栏杆抹去,选择污点修复画笔,根据画面中想要涂抹的物体,在属性栏中调整笔头的大小(如图 4-2 所示),修复类型选择"内容识别",在想要去除的图像部分按住鼠标左键进行拖动涂抹(如

图 4-1 原始图像

图4-3所示),涂抹完毕松开鼠标,软件自动识别抹去鼠标绘制的区域,同时替换成背景图像
(如图4-4所示)。一次涂抹如未彻底清除,可以进行反复涂抹。

图4-2　属性栏

图4-3　污点修复　　　　　　　　　　　　　图4-4　结果图像

2. 修复画笔工具和仿制图章工具

修复画笔工具 和仿制图章工具 的功能相似,用法相同,为便于学习和区分,本书
将两个工具放在一起进行讲述。修复画笔工具可以对画面中的图像进行复制。打开一张花
朵的图像(如图4-5所示),对该图像中的花朵进行复制,选中修复画笔工具,按下Alt键,鼠
标光标呈现出靶子的形状(如图4-6所示),在画面中想要复制的花朵上单击鼠标取样,松开
Alt键,移动鼠标到想要复制图像的区域,按下鼠标左键进行拖动绘制,则复制出鼠标刚刚
单击取样位置的画面,并随着鼠标笔头的拖动,该位置出现十字光标进行相对移动(如图4-7
所示),笔头相应绘制出十字光标所在位置的画面。

图4-5　原始图像　　　　　　　　　　　　　图4-6　图像内容采样

在拖动鼠标复制图像的过程中,松开鼠标左键,重新按下进行拖动绘制时,笔头所绘图
像重新复制最初采样的图像位置,画面中会出现图像的重复采样(如图4-8所示)。在修复
画笔工具的属性栏中,选中"对齐"复选框(如图4-9所示),则在拖动鼠标进行复制图像的过
程中,不会重新进行采样,松开鼠标左键,复制完成的画面会和原图的背景颜色进行叠加融
合(如图4-10所示),最终复制完成的图像不会保留复制图像的边界痕迹。

图 4-7　复制图像内容　　　　　　　　　　　　图 4-8　重新复制

图 4-9　对齐复制图像

　　选择"窗口"菜单中的"仿制源"命令，打开仿制源面板（如图 4-11 所示），可以设置多个采样位置，并可修改采样图像的参数进行复制。调整复制图像内容的宽度"W"为 50％，高度"H"为 50％（如图 4-12 所示），则可以复制出原图一半大小的图像；调整旋转角度为 90 度，最终复制出的图案会顺时针旋转 90 度（如图 4-13 所示）。

图 4-10　复制完成　　　　　　　　　　　　图 4-11　仿制源面板

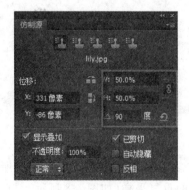

图 4-12　修改仿制源　　　　　　　　　图 4-13　复制仿制源结果

　　仿制图章工具的操作方法和修复画笔工具的操作方法相同，在选择仿制图章工具后，在属性栏中选中"对齐"复选框（如图 4-14 所示），并调整笔头大小。也可以使用键盘的快捷键调整笔头大小,快捷键为英文输入状态下的中括号,"["为缩小笔头,"]"为放大笔头。

图 4-14　仿制图章工具属性栏

　　按住 Alt 键,当鼠标光标变为靶子状态,在想要复制的图案上单击鼠标取样,松开 Alt 键,移动鼠标到复制图像的位置,按下鼠标左键拖动,笔头复制的图案即为刚刚左键取样的位置,并在图像中出现十字光标,随着鼠标的移动进行相对位置的复制(如图 4-15 所示)。和修复画笔不同的是,最终复制完成的图案不会和原来的背景图像进行自动的颜色融合(如图 4-16 所示)。仿制图章工具同样可以配合仿制源面板进行操作,操作方法同修复画笔工具一致,此处不再赘述。

图 4-15　复制图像内容　　　　　　图 4-16　复制结果

3. 修补工具

　　修补工具 可以直接替换图像中一块完整区域的画面,将画面中的内容整体替换。打开一张图片,选中修补工具,在属性栏中选择"源"(如图 4-17 所示),则表示将选择的图像区域作为被修改部分,按下鼠标左键在图像中绘制一个区域(如图 4-18 所示),回到绘制起始位置,则构成一个封闭的选区(如图 4-19 所示)。

图 4-17　修补工具属性

图 4-18　修补工具　　　　　　　　图 4-19　绘制修复区域

将鼠标光标放在选区内进行拖动,随着鼠标拖动选区移动,选区内的图像被替换成鼠标移动到的位置(如图 4-20 所示),松开鼠标左键,即为确定修复结果,则原选区内的图像被替换为鼠标所在位置的图像,但颜色会和原选区内的图像进行自动融合(如图 4-21 所示)。经过鼠标向左拖曳选区,选区内的高塔图像被蓝天白云替换。

图 4-20　拖动选区

图 4-21　修复结果

打开原始图像,在修补工具选中的状态下,在属性栏中选择"目标"(如图 4-22 所示),则表示将选择的图像区域作为最终的目标使用,将该区域的图像复制到其他位置。拖动鼠标左键,将想要复制的图像内容选中(如图 4-23 所示),在选区内拖动鼠标左键移动选区,则选区内的图像会复制出一份,随着鼠标的移动,最终确定在松开鼠标的位置,此时选区内的图像被复制到新的位置上,并与当前位置的图像颜色自动融合(如图 4-24 所示)。经过鼠标的向左移动,将高塔图像进行一次复制操作。

图 4-22　属性栏

图 4-23　选中复制区域

图 4-24　复制结果

4. 内容感知移动工具

内容感知移动工具 ▨ 的功能可以看作是修补工具和修复画笔工具功能的叠加。将需要移动的图像内容选择后,按住鼠标左键不放进行拖动,将选区内的图像移动到新的位置,而原来的位置自动根据背景图像进行修复。具体操作为：打开一张图片（如图 4-25 所示），选择内容感知移动工具，按住鼠标左键不放绘制选区（如图 4-26 所示），选择需要移动的图像范围，选择完成后，在选区内按住鼠标左键拖动，将选区内的图像移动到新的位置（如图 4-27 所示），松开鼠标左键后，选区内的图像移动，并与该处原来的图像颜色自动融合处理，而选区原来的位置由软件根据背景图像自动复制填补完整（如图 4-28 所示）。

图 4-25　原始图像

图 4-26　选择要移动的图像区域

图 4-27　移动选区内的图像

图 4-28　内容感知移动后的结果

4.1.2　修复图像颜色工具组

修复图像颜色工具组包括颜色替换工具、红眼工具、减淡工具、加深工具和海绵工具。该组工具可以用来修复图像中部分画面的颜色。

1．颜色替换工具

颜色替换工具 ![tool] 通过在画面中涂抹，快速达到替换画面中颜色的效果。打开一张人像图片（如图 4-29 所示），选择颜色替换工具，在属性栏中调整笔头大小，选择默认的"颜色"模式，确定颜色的取样方式。颜色取样方式包括连续、一次和背景色板 3 种。

图 4-29　打开人像图片

连续取样(如图 4-30 所示)是在拖曳鼠标时连续对颜色取样。调整前景色板的颜色(如图 4-31 所示),用颜色替换工具在图片上拖曳涂抹,则整张图片的颜色都会替换成前景色板颜色(如图 4-32 所示)。

图 4-30　连续取样

图 4-31　调整前景色　　　　　　　　　　图 4-32　替换结果

一次取样(如图 4-33 所示)只替换包含第一次按下鼠标左键时颜色区域中的目标颜色。调整前景色板颜色后,用颜色替换工具在图片上拖曳涂抹,如果鼠标在图片中的红色中按下左键,则涂抹时只将图片中的红色替换成前景色的颜色(如图 4-34 所示)。

图 4-33　一次取样

图 4-34　替换结果

背景色板取样（如图 4-35 所示）替换图片中包含当前背景色的区域。调整背景色板的颜色，在图像中选择要修改的颜色，将背景色调整为红色（如图 4-36 所示），用颜色替换工具在图片上拖曳涂抹，则图片中所有包含背景色板颜色的图像位置均被替换成前景色（如图 4-37 所示）。

图 4-35　背景色板取样

图 4-36　修改背景色板颜色　　　　　　　　　　　　　　图 4-37　替换结果

在颜色替换工具的属性面板中，限制包括连续、不连续和查找边缘 3 个选项，默认情况下为"连续"状态，如图 4-38 所示。"连续"替换鼠标涂抹下的连续的颜色，最终颜色的替换是较为完整的色块（如图 4-39 所示）。"不连续"替换鼠标涂抹下任何位置的图像颜色，最终颜色替换较为分散和细碎（如图 4-40 所示）。"查找边缘"替换包含替换颜色的连接区域，同时更好地保留形状边缘的锐化程度（如图 4-41 所示）。

图 4-38　限制

图 4-39　连续　　　　　　　　图 4-40　不连续　　　　　　　　图 4-41　查找边缘

调整颜色替换工具属性面板的容差值，拖移滑块或者输入一个百分比值（0～255）。输入较低的百分比则可以替换与所选像素非常相似的颜色，反之，可替换范围更广的颜色。选中"消除锯齿"复选框，则可为修改图像的区域设置平滑的边缘。

2. 红眼工具

夜间拍照由于光线太暗，在没有三脚架辅助的情况下，拍照前都会开启闪光灯，因此，夜间拍出的人像容易产生红眼效果。红眼工具  可以快速将红眼修复成正常颜色。在属性面板中调整瞳孔大小和变暗量（如图 4-42 所示），使用红眼工具在红眼位置处单击鼠标（如图 4-43 所示），则画面中红眼的颜色自动修改完成（如图 4-44 所示）。如果红眼范围较广，一次单击未能彻底修复，则重复单击几次即可。

图 4-42　红眼工具属性

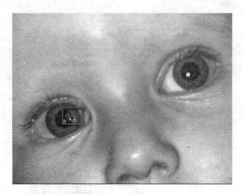

图 4-43　红眼修复

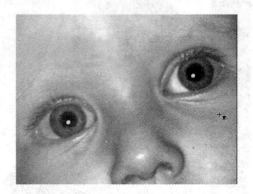

图 4-44　修复完成

3. 减淡工具

减淡工具  通过拖曳鼠标左键涂抹，用来减淡图像中的部分颜色。打开原始图像（如图 4-45 所示），选择减淡工具，在属性栏中调整画笔笔头大小、曝光度及颜色范围，可以控制调整画面中颜色的减淡程度，在画面中涂抹，即可将鼠标涂抹位置的画面颜色减淡（如图 4-46 所示）。

图 4-45　原始图像

图 4-46　减淡颜色

4. 加深工具

加深工具 通过拖曳鼠标左键涂抹，用来加深图像中的部分颜色。打开原始图像（如图 4-45 所示），选择加深工具，在属性栏中调整画笔笔头大小、曝光度及颜色范围，可以控制调整画面中颜色的加深程度，在画面中涂抹，即可将鼠标涂抹位置的画面颜色加深（如

图 4-47 所示)。

5. 海绵工具

　　海绵工具 用来调整画面中颜色的饱
和度。打开原始图片,选择海绵工具,在属
性栏中修改模式为"饱和"(如图 4-48 所
示),则可以提高所涂画面的饱和度;修改
流量和笔头大小,在画面中相应位置涂抹即
可(如图 4-49 所示)。修改属性栏中的模式
为"降低饱和度"(如图 4-50 所示),在画面
中相应位置涂抹,可以降低画面中的饱和
度,通过调整流量值及反复涂抹,从而使图
像中部分画面颜色饱和度降低,甚至达到去
色的效果(如图 4-51 所示)。

图 4-47　加深颜色

图 4-48　海绵工具属性

图 4-49　饱和

图 4-50　**修改模式**

图 4-51　降低饱和度

4.1.3 橡皮擦工具组

1. 橡皮擦工具

　　橡皮擦工具  可以擦掉画面中的图像,如果是新打开的原始图像(如图 4-52 所示),默认图层为背景层,则调整橡皮擦工具的属性,改变笔头的大小、不透明度和流量,通过在画面中拖曳鼠标左键涂抹,则将画面中的图像擦掉,显露出当前背景色板的颜色(如图 4-53 所示)。如果将新打开的图像的背景图层转变为普通图层(如图 4-54 所示),在背景图层上双击鼠标,在弹出的"新建图层"对话框中单击"确定"按钮,则背景图层转变为普通图层,此时用橡皮擦工具在画面中涂抹,擦去画面中的图像,显露出的是透明背景。

图 4-52　原始图像　　　　　　　　　　图 4-53　显露背景色板的颜色

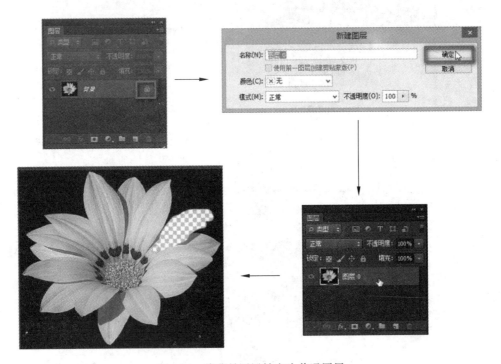

图 4-54　将背景图层转变为普通图层

2. 背景橡皮擦工具

背景橡皮擦工具 可以实现将背景图层直接擦除至透明背景效果。打开原始图像(如图 4-52 所示),选中背景橡皮擦工具,在属性栏中调整橡皮擦的笔头大小及容差值大小,在画面中涂抹即可。属性面板中包括类似颜色替换工具的 3 种取样方式,选择连续取样,如图 4-55 所示,可以擦除鼠标经过的所有画面;选择一次取样,可以擦除鼠标最初单击的画面颜色,画面中其他位置的颜色不会被擦除(如图 4-56 所示);选择背景色板,可以擦除与背景色板相同的画面颜色。

图 4-55 背景橡皮擦工具属性

3. 魔术橡皮擦工具

魔术橡皮擦工具 的功能相当于魔棒和删除操作的结合,会删除画面中单击位置的同种颜色的画面,显露出透明背景。打开原始图像(如图 4-52 所示),选中魔术橡皮擦工具,调整属性中的容差值,选中"连续"复选框,在图像中的黑色处单击鼠标,则画面中所有连续的黑色被删除,显露出透明背景(如图 4-57 所示)。

图 4-56 擦掉背景色

图 4-57 去掉黑色

4.1.4 模糊工具组

1. 模糊工具

模糊工具 通过鼠标在画面中拖曳涂抹,实现图像模糊的效果。打开原始图像(如图 4-58 所示),选中模糊工具,在属性栏中修改模糊笔触的大小及模糊强度(如图 4-59 所示),在画面中反复拖曳鼠标左键涂抹,即可实现画面图像的模糊处理(如图 4-60 所示)。

2. 锐化工具

锐化工具 通过鼠标在画面中拖曳涂抹,实现图像清晰的效果。打开原始图像(如

图 4-58 原始图像

图 4-59　模糊工具属性

图 4-60　模糊图像

图 4-58 所示),选中锐化工具,在属性栏中修改锐化笔触的大小及锐化强度(如图 4-61 所示),在画面中反复拖曳鼠标左键涂抹,即可实现画面图像的锐化处理,图像的边界和纹理变得更加清晰(如图 4-62 所示)。

图 4-61　锐化工具属性

图 4-62　锐化图像

3. 涂抹工具

涂抹工具 通过鼠标在画面中拖曳涂抹,实现图像颜色扩散模糊的效果。打开原始图像(如图 4-58 所示),选中涂抹工具,在属性栏中修改涂抹画笔的笔触大小及强度(如图 4-63 所示),在画面中沿着扩散方向拖曳鼠标左键涂抹,则图像实现颜色的扩散模糊(如图 4-64 所示)。选中属性栏中的"手指绘画"复选框(如图 4-65 所示),沿着扩散方向拖动鼠标左键,则可以实现手指涂抹绘画的效果(如图 4-66 所示)。

图 4-63　涂抹工具属性

图 4-64　涂抹图像

图 4-65　选中手指绘画

图 4-66　手指绘画图像

4.2　案例与提高

4.2.1　老照片的修复

在数码相机出现之前,胶卷冲洗的老照片保存起来较为困难,相纸在保存过程中难免会有破损和折痕出现,因此,对老照片折痕的修复是较为常见的案例。将一张有折痕的老照片翻拍或者扫描,用 Photoshop 软件将其打开(如图 4-67 所示)。由于该照片的折痕出现在背景上,需要对背景的纹理进行修复。选择仿制图章工具,根据折痕的大小,在属性栏中调整合适的笔头大小(如图 4-68 所示),选取硬度值低、较为柔和的笔触,为保证颜色差异不大,按住 Alt 键,在折痕附近的背景处单击鼠标取样,移动鼠标到折痕处涂抹(如图 4-69 所示),折痕处的颜色完全被取样处的画面取代。

图 4-67　原始图像

图 4-68　仿制图章工具

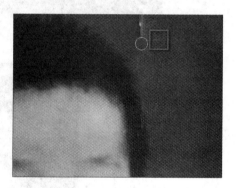

图 4-69　修复折痕

　　用同样的方法,将另外一处折痕修复。需要注意时刻观察折痕处复制的画面颜色,当取样位置的颜色不妥时,需要重新在折痕附近取样,对颜色不符的位置进行反复修复替换,直到不留下一点折痕的效果(如图 4-70 所示)。画面中如有瑕疵或杂点,也用同样方法修复,将画面放大细心修改,最终完成老照片的修复工作(如图 4-71 所示)。

图 4-70　反复修复

图 4-71　修复结果

4.2.2 人像皮肤美化

在人像摄影中,对拍摄的人像皮肤进行美化是最为常见的操作。打开原始图像(如图 4-72 所示),复制背景图层,在图层面板中拖曳背景图层,到新建图层的按钮上松开鼠标左键,或按 Ctrl+J 快捷键,复制出"图层 1"(如图 4-73 所示)。

图 4-72 原始图像

图 4-73 复制图层

对图层 1 进行模糊操作,选择模糊工具,调整模糊工具的笔头大小、强度值,在人像皮肤上进行反复涂抹,直到掩盖住皮肤的瑕疵(如图 4-74 所示)。选中橡皮擦工具,调整橡皮擦笔头硬度为 0,不透明度为 38%,将图层 1 中眼睛、眉毛、嘴巴等需要清晰的位置擦除,露出背景图层中的清晰画面(如图 4-75 所示)。

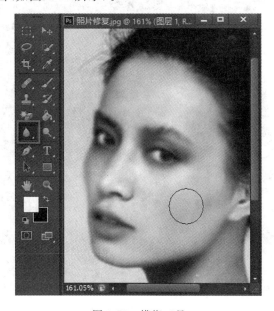

图 4-74 模糊工具

图 4-75　橡皮擦

选择背景图层,选中加深工具,对嘴巴、眼睛进行颜色的加深处理,调整加深工具的笔头大小及曝光度值,在嘴唇位置反复涂抹加深唇彩颜色(如图 4-76 所示)。按 Ctrl+E 快捷键向下合并图层,选中减淡工具,将皮肤颜色进一步减淡处理(如图 4-77 所示)。减淡工具需要使用较低的曝光度值,反复涂抹直到满意为止(如图 4-78 所示)。

图 4-76　加深工具

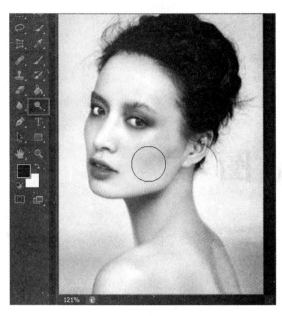

图 4-77　减淡工具　　　　　　　　　　　图 4-78　美化结果

习题

1. 概述修复画笔工具和仿制图章工具的相同点和不同点。
2. 分析颜色替换工具有哪几种取样方式,并描述几种取样方式的不同。
3. 翻拍一张老照片,并对其折痕和杂点进行修复。
4. 对人像摄影中的人物皮肤进行美化处理。

第 5 章

绘 制 图 像

本章学习目标

- 掌握画笔工具及其属性面板的使用
- 创建画笔工具的笔头,熟悉对画笔面板的调整操作
- 灵活使用历史记录画笔工具恢复操作
- 了解历史记录艺术画笔的使用

　　绘制图像包括数字手绘图像和图像绘制修改两部分操作内容。数字手绘可以使用手绘板或鼠标,利用 Photoshop 中预置、载入的不同笔头来绘画,需要用户有一定的美术功底;绘制修改是对已有的图像进行绘制加工,通过在图像中绘画来实现修改原图的色相、饱和度、亮度等操作。

5.1　绘制图像工具组

5.1.1　画笔工具组

1. 画笔工具

　　画笔工具 ▨ 通过改变画笔笔头的形状、大小、颜色、不透明度、流量、模式等参数,实现绘画新图像和绘制修复图像的效果。选择画笔工具,在属性栏中可以对画笔工具的属性进行修改(如图 5-1 所示),笔头大小调整的快捷键为英文中括号,"["为缩小笔头,"]"为放大笔头。单击属性栏笔头大小右侧向下的小三角,可以设置笔头的硬度和形状(如图 5-2 所示)。

图 5-1　画笔属性栏

1）画笔控制面板

在画笔属性栏中，单击笔头大小右侧的按钮，弹出画笔控制面板（如图 5-3 所示），该面板可以调整已选择笔头的形状动态、散布程度、纹理、颜色动态、杂色、平滑等属性。选中"画笔笔尖形状"选项卡，可以调整笔头的大小、角度、硬度和间距，扩大间距，则画笔绘画出的线条呈现笔头间隔效果。

选择"形状动态"选项卡（如图 5-4 所示），可以调整笔头大小抖动、角度抖动等参数，绘画出的线条呈现凹凸抖动效果；设置"控制"下拉菜单为"渐隐"，设置右侧渐隐数值，则绘画出的线条呈现前面粗、后面细的渐隐效果。

图 5-2　笔头大小调整

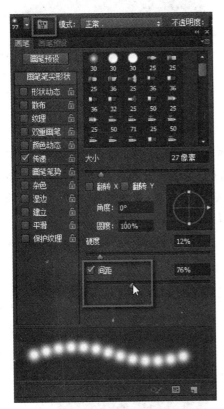

图 5-3　画笔笔头调整面板

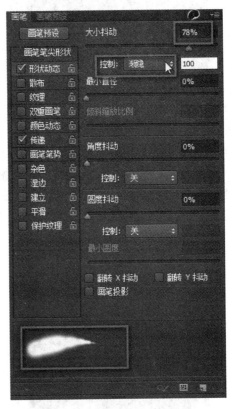

图 5-4　画笔笔头形状动态调整

选择"散布"选项卡（如图 5-5 所示），可以调整画笔笔头的散布程度，通过调整数量、数量抖动等各个参数，可以绘画出笔头呈散状分布的线条。

选择"纹理"选项卡（如图 5-6 所示），可以调整画笔笔头的纹理效果，通过单击"图案"右侧向下的三角，选择合适的图案，调整大小、亮度、对比度等参数，可以设置笔触绘制出的线条带有纹理效果。

选择"双重画笔"选项卡（如图 5-7 所示），可以在原笔头基础上添加一个新笔头的形状效果，调整画笔笔头的大小、间距等参数，则得到两种画笔叠加的效果。

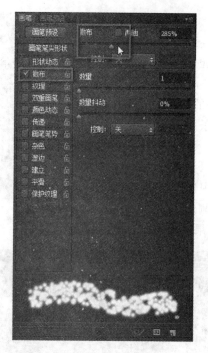

图 5-5　画笔笔头散布调整

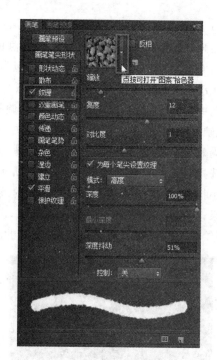

图 5-6　画笔笔头纹理调整

在画笔笔头下拉列表中选择"草"笔头（如图 5-8 所示），设置前景色为深绿色，背景色为白色。在笔头控制面板中选择"颜色动态"选项卡（如图 5-9 所示），应用从前景色到背景色抖动的效果，调整"色相抖动"的数值，在画布中，按下鼠标左键拖动绘制，则可以绘画出草的颜色从深绿色到白色的不同色相变化（如图 5-10 所示）。

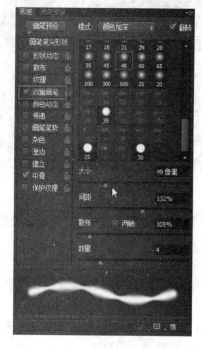

图 5-7　画笔笔头双重画笔调整

图 5-8　选择笔头

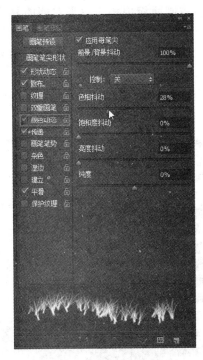

图 5-9　画笔笔头颜色动态调整　　　　　　　　图 5-10　绘画

选择"传递"选项卡(如图 5-11 所示),可以调整当前笔头的不透明度抖动及流量抖动效果。

选择"画笔笔势"选项卡(如图 5-12 所示),可以调整当前笔头的压力、横向倾斜角度及纵向倾斜角度。

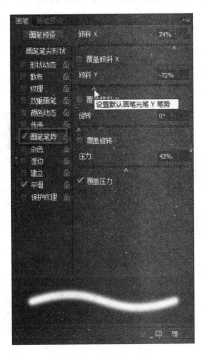

图 5-11　画笔笔头传递调整　　　　　　　　图 5-12　画笔笔势调整

　　如果要在当前笔头添加杂色、湿边等效果，选中控制面板中相应效果左侧的复选框即可，由于选择后效果直接可见，此处不再赘述。

　　在控制面板中选择"画笔预设"选项卡（如图5-13所示），可以将调整好的笔头参数进行保存，也可以直接使用软件中自带的笔触效果。单击面板右上角的小三角（如图5-14所示），在弹出的菜单中可以选择软件中保存的预置笔头类型，例如，选择"书法画笔"，则预设面板中呈现出多种书法效果的笔头。

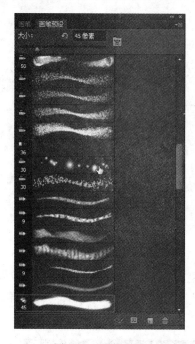

图 5-13　画笔预设

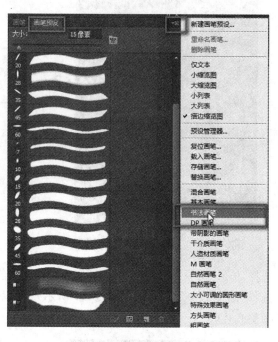

图 5-14　画笔预设

　　2）笔头的创建

　　这里创建一个脚丫形状的笔头。打开一张小脚丫的图像，用快速选择工具选取图像中的一个脚丫（如图5-15所示），则可以将选区内的形状定义为新笔头。在"编辑"菜单下选择

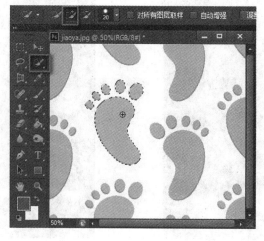

图 5-15　选择

"定义画笔预设"命令(如图 5-16 所示),弹出保存画笔笔头的对话框(如图 5-17 所示),为新笔头命名。

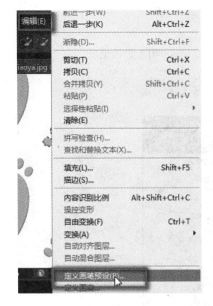

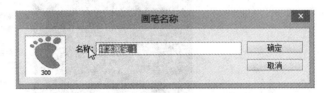

图 5-16 定义画笔 图 5-17 命名笔头

在笔头下拉菜单中,将滚动条拖动到最下方,则可以找到最新保存的笔头(如图 5-18 所示)。选择该笔头,在"画笔"面板中选择"画笔笔尖形状"选项卡,设置笔头的大小及间距(如图 5-19 所示),在画布中拖动鼠标左键绘制即可(如图 5-20 所示)。

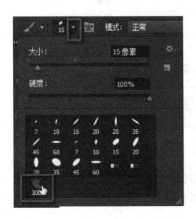

图 5-18 选择笔头 图 5-19 调整笔头

3）笔头的载入

Photoshop 软件支持载入外挂画笔笔头。在笔头下拉菜单中，单击面板右上角的设置按钮，在弹出的下拉菜单中选择"载入画笔"命令（如图 5-21 所示），在弹出的对话框中选择后缀名为 abr 的画笔文件（如图 5-22 所示）。在互联网中可以搜索下载到很多免费的画笔文件。

图 5-20　绘制

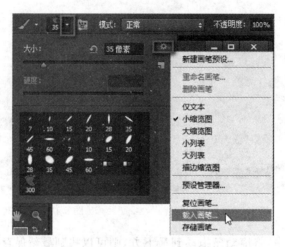

图 5-21　载入画笔

图 5-22　选择画笔

在此选择落叶笔头，则在笔头选择的最下方可以看到刚刚加载入的多个落叶形状的笔头（如图 5-23 所示）。选择需要的笔头，分别调整笔头的大小及形状动态等参数，调整前景色的颜色，就可以在画布中进行单击绘画（如图 5-23 所示）。

图 5-23　绘制

4）画笔预设

此处画笔预设面板同画笔控制面板中的预设功能一致（如图 5-24 所示）。可以将调整好的画笔笔头参数保存下来，方便在操作时快速切换笔头。

5）画笔的模式

在画笔属性栏中，"模式"的设置较为重要，在软件的很多工具和命令中都包含"模式"的设置。画笔的"模式"主要用来调整笔触的绘画效果和色相、饱和度、明暗等叠加效果。调整笔头的硬度为 0，使用"溶解"模式，拖动鼠标左键在画布中绘画，可以使线条呈现溶解效果（如图 5-25 所示）。

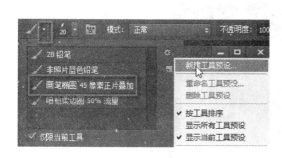

图 5-24　画笔预设

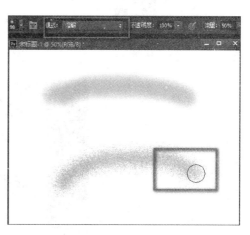

图 5-25　溶解和正常对比

新建一层透明图层，在图层 1，选择"正常"模式绘画（如图 5-26 所示），更换前景色，调整模式为"背后"（如图 5-27 所示），则新绘制出的一笔出现在前一笔的背后。

更改模式为"擦除"，则画笔的功能相当于橡皮擦（如图 5-28 所示）。

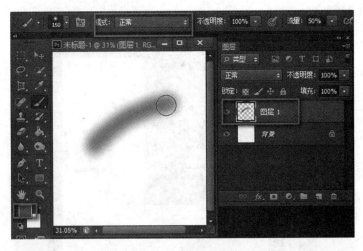

图 5-26　正常模式

图 5-27　背后模式

图 5-28　擦除效果

在"模式"下拉菜单中,其他模式用来修改图像中的色相、饱和度、颜色、明度等属性(如图 5-29 所示)。

打开一张人像(如图 5-30 所示),修改前景色,将前景色吸取为图像中中等级别灰度的颜色,调整画笔模式为"变暗",用画笔在图像中涂抹,画面中比前景色暗的像素颜色不变,画面中比前景色亮的像素颜色改变为前景色(如图 5-31 所示),图像因此变暗。

图 5-29 模式菜单

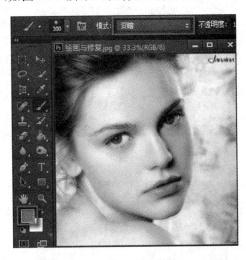

图 5-30 原图

图 5-31 变暗效果

保持前景色不变,分别修改模式为"正片叠底""颜色加深""线性加深""深色",用同样的方法分别在原图上绘制,则图像分别以不同的计算方法变暗(如图 5-32～图 5-35 所示)。

调整画笔模式为"变亮",用画笔在图像中涂抹,画面中比前景色亮的像素颜色不变,画面中比前景色暗的像素颜色改变为前景色(如图 5-36 所示),图像因此变亮。

调整画笔模式为"滤色",在该模式下,颜色的叠加规律遵循加色原理(详见 1.4.1 节),因此,将前景色设置为蓝色,在人物红色的嘴巴上涂抹,叠加出品红色的效果(如图 5-37 所示)。

图 5-32 正片叠底

图 5-33 颜色加深

图 5-34 线性加深

图 5-35 深色

图 5-36 变亮

图 5-37 滤色

恢复前景色,分别修改模式为"颜色减淡""线性减淡""浅色",用同样的方法分别在原图上绘制,则图像分别以不同的计算方法变亮(如图5-38~图5-40所示)。

图5-38　颜色减淡

图5-39　线性减淡

分别修改模式为"叠加""柔光""强光""亮光""线性光""点光""实色混合""差值""排除""减去""划分",用同样的方法分别在原图上绘制,则图像分别以不同的计算方法将前景色和原图颜色进行叠加(如图5-41~图5-51所示)。

图5-40　浅色

图5-41　叠加

最后的4个模式"色相""饱和度""颜色""明度",用来修改图像中的颜色效果。

选择"色相"模式,则所绘画的位置仅仅将色相调整为前景色,该位置的饱和度和明度都不会发生改变。修改嘴唇颜色为紫色,设置前景色为任意饱和度和明度的紫色,在画面中涂抹,则保留原图的饱和度和明度,只是将色相从红色修改为紫色(如图5-52所示)。

选择"饱和度"模式,则所绘画的位置仅仅将饱和度调整为前景色的饱和度,该位置的色相和明度都不会发生改变。提高嘴唇颜色的饱和度,设置前景色为饱和度较高的任意颜色,在画面中涂抹,则保留原图的色相和明度,只是将饱和度调整为前景色的饱和度(如图5-53所示)。

图 5-42 柔光

图 5-43 强光

图 5-44 亮光

图 5-45 线性光

图 5-46 点光

图 5-47 实色混合

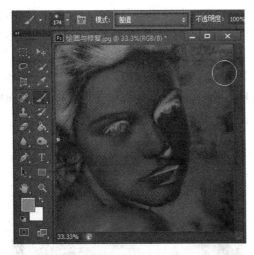

图 5-48 差值

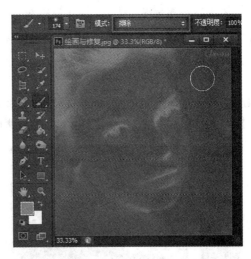

图 5-49 排除

图 5-50 减去

图 5-51 划分

图 5-52 色相

图 5-53 饱和度

选择"颜色"模式,则将绘画位置图像的色相和饱和度替换为前景色的色相和饱和度,亮度不变,例如为原图人物画上紫色的眼影(如图 5-54 所示),该模式可以用来修改原图颜色或为黑白照片上色。

选择"明度"模式,则所绘画的位置仅仅将明度调整为前景色的明度,该位置的色相和饱和度都不会发生改变。降低嘴唇颜色的明度,设置前景色为明度较低的任意颜色,在画面中涂抹,则保留原图的色相和饱和度,只是将明度调整为前景色的明度(如图 5-55 所示)。

图 5-54 颜色   图 5-55 明度

2. 铅笔工具

铅笔工具 功能与画笔工具类似。选择铅笔工具,对属性栏中的不透明度、模式、笔头大小等进行调整(如图 5-56 所示),在画布中即可拖动鼠标左键绘画出前景色的铅笔效果。

图 5-56 铅笔工具属性

选中属性栏中的"自动抹除"复选框,当用铅笔工具将前景色涂抹在同一颜色的图案上时,铅笔工具以背景色继续绘制(如图 5-57 所示)。用铅笔工具在画布中涂满前景色的品红色,当在品红色上继续绘制时,铅笔工具绘制背景色的白色。

3. 混合器画笔工具

混合器画笔工具 可以模拟真实的绘画技术,结合画笔的颜色、湿度,将画布中的颜色进行混合,查看混合器画笔工具的属性栏(如图 5-58 所示),通过调整笔刷的大小和形状、载入画笔颜色、是否清理画笔、画笔的干燥和潮湿度、与画笔颜色的混合程度、浓度等属性,绘画出水彩或油画的效果。

打开一张风景图片(如图 5-59 所示),利用混合器画笔工具进行艺术加工,调整属性为"湿润,浅混合",随时更改前景色与画布中相应主色调一致,调整潮湿度为 50%,载入值为 10%,混合度为 100%,根据原始图像的画面调整画笔笔头大小、类型,将实景拍摄的照片处理成手绘效果(如图 5-60 所示)。

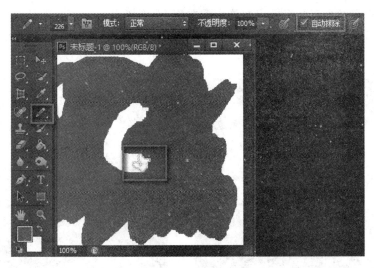

图 5-57　自动抹除

图 5-58　混合器画笔属性面板

图 5-59　原始图像

图 5-60　混合器画笔涂抹效果

5.1.2　历史记录画笔工具组

1. 历史记录画笔工具

历史记录画笔工具 ![] 是通过结合历史记录面板,通过绘画恢复操作过程中某一状态的工具。打开一张花朵图像(如图 5-61 所示),利用海绵工具对花提高饱和度,然后使用加深工具将颜色加深,利用颜色替换工具将黄色的花朵替换成红色(如图 5-62 所示)。

如果想要全部或部分恢复到之前的操作,则打开历史记录面板,选中想要恢复的操作步骤左侧的

图 5-61　原始图像

复选框,则历史记录画笔标识标记在该步骤左侧,选中历史记录画笔工具,在画面中拖动鼠标左键绘制,可以绘画出该步骤的画面效果(如图 5-63 所示)。本例中选择恢复到使用加深工具后的效果,花朵恢复为黄色。

图 5-62　编辑图像

图 5-63　历史记录画笔

2. 历史记录艺术画笔工具

历史记录艺术画笔工具 在历史记录画笔功能的基础上添加了一些变形效果。选择历史记录艺术画笔,在属性栏面板中调整笔头大小、类型、模式及不透明度(如图 5-64 所示),选择艺术样式(如图 5-65 所示),在下拉菜单中选择"轻涂"效果。

图 5-64　历史记录艺术画笔工具属性栏

打开一张花朵图像(如图 5-66 所示),对该图像进行一系列操作(如图 5-67 所示),选择历史记录艺术画笔,默认恢复原始图像效果,调整历史记录艺术画笔笔头大小及形状,在画面中多次涂抹,以"轻涂"的方式恢复原始图像。

图 5-65　笔头样式

图 5-66　原始图像

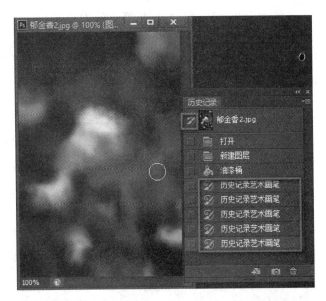

图 5-67　历史记录艺术画笔

5.2　案例与提高

5.2.1　黑白照片上色

打开一张黑白照片（如图 5-68 所示），选择画笔工具，修改画笔工具属性栏中的模式为"颜色"（如图 5-69 所示），则在保证原图明暗关系的基础上，按照前景色修改色相和饱和度。调整前景色的 RGB 值为（251,74,120），放大图像，用画笔在人物嘴唇上涂抹，为人物添加唇彩颜色。

图 5-68　原始图像

图 5-69　颜色模式上色

调整前景色的 RGB 值为(238,215,184),调整笔头的大小,为人像添加皮肤的颜色(如图 5-70 所示)。在绘画的过程中,可能会覆盖掉之前唇彩的红色,此时,利用历史记录画笔工具进行颜色的修复。打开历史记录面板,找到唇彩上色完成的步骤,选中其左侧的复选框(如图 5-71 所示),按住 Alt 键的同时滚动鼠标滚轮,放大图像中嘴巴的部分,用历史记录画笔工具在人像嘴唇位置处仔细涂抹,恢复对唇彩的绘制。

图 5-70　皮肤上色

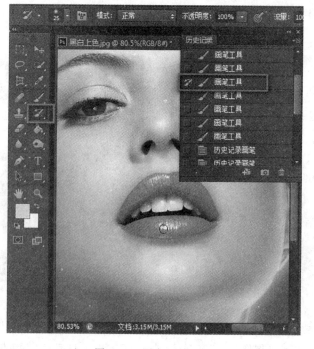

图 5-71　历史记录画笔

调整前景色的 RGB 值为(132,109,78),首先利用上述方法对头发上色,绘制完成后发现头发颜色较浅,因此,修改画笔模式为"颜色加深",调整不透明度为 30%,画笔流量为 37%(如图 5-72 所示),保持前景色不变,对头发进行再一次绘制,使头发颜色比之前有了一定程度的加深。

图 5-72　头发上色

调整前景色的 RGB 值为(138,99,214),恢复画笔属性栏中的模式为"颜色",调整不透明度为 100%,画笔流量为 100%,在画面中的背景上涂抹,给人像的背景上色,整幅黑白照片上色完成(如图 5-73 所示)。

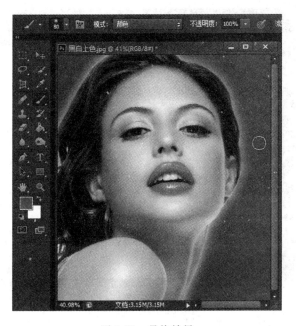

图 5-73　最终效果

5.2.2 绘制插画

由于鼠标绘画较为不便,绘制插画之前,最好为计算机连接一个手绘板。新建一个白色背景的 RGB 颜色模式的图像文档,设置图像的宽为 1700 像素,高为 1100 像素,分辨率为 72 像素/英寸(如图 5-74 所示)。

图 5-74 新建画布

新建一层,将线稿绘制在新建的图层上,方便随时打开或者隐藏线稿,以便观察绘画效果。使用画笔工具或铅笔工具起草,设置前景色,将笔头大小设为 1~2 个像素,在画布中绘制图像线稿(如图 5-75 所示)。

图 5-75 绘制线稿

调整前景色的 RGB 值为(250,228,217),选择画笔工具,在属性栏中挑选"柔边圆"画笔,绘制大面积皮肤的颜色,然后调整前景色 RGB 值为(242,204,185),在鼻底、鼻翼、脸颊、眼睑等位置绘制皮肤的阴影,细微调整颜色和笔头大小,细致刻画人物面部阴影。修改前景色 RGB 值为(250,234,221),在人的面部添加高光(如图 5-76 所示)。用同样的方法,细致绘制人物的眼睛、嘴巴、耳朵等部位,从而使人物的面部具有立体感。

图 5-76 绘制皮肤

修改笔头类型为"圆钝形中等硬毛刷"画笔,设置前景色 RGB 值为(69,69,69),调整笔触的大小,绘制人物的头发(如图 5-77 所示)。微调前景色,分别绘制头发的高光和阴影。选择铅笔工具,调整笔头大小为 1 像素,为人物添加几根零落的发丝(如图 5-78 所示)。

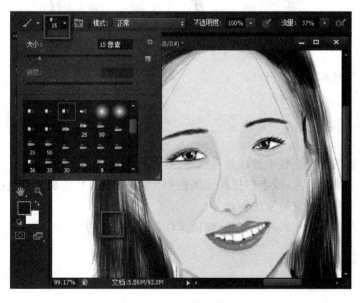

图 5-77 绘制头发

为人物绘制衣服，使用画笔工具较为圆滑的笔头，勾勒衣服的外轮廓（如图 5-79 所示），衣服的纹理可以使用图案进行添加（详见第 6 章）。设置前景色的 RGB 值为（216，177，196），调整画笔的不透明度为 30％，为衣服添加阴影（如图 5-80 所示）。

图 5-78　修饰细节

图 5-79　绘制衣服

在素材库中选择一张图像，将图像中的桃花选出，复制到人像文件中，并将桃花图像的图层置于最下方，为绘制好的人物添加背景（如图 5-81 所示）。

图 5-80　绘制衣服阴影

图 5-81　最终效果

习题

1. 简述画笔工具属性栏中的模式有哪些，各自的用途是什么。
2. 下载一张黑白照片，或者扫描一张黑白照片，将黑白照片绘制成彩色照片。
3. 简述定义画笔预设的方法。
4. 根据个人的爱好和兴趣，绘制一幅插画作品。

第 6 章

图案与渐变

本章学习目标

- 掌握图案图章工具和油漆桶工具的使用方法
- 了解 Pat 图案的载入方法
- 掌握渐变工具的调整和载入

6.1　图案的创建与使用

6.1.1　图案图章工具

1. 图案图章工具

图案图章工具 ![图章图标] 用来绘制图案。Photoshop 中绘制的图案是可以上下左右无缝拼接在一起的。打开一张人像图片（如图 6-1 所示），利用图案图章工具将其背景绘画上图案。利用快速选择工具在背景上涂抹，选中除人像之外的背景部分（如图 6-2 所示）。

图 6-1　原始图像

图 6-2　选择背景

选择图案图章工具,在属性栏中调整工具的笔头大小、形状、不透明度等参数,调整方式同画笔工具,此处不再赘述。单击属性栏中图案右侧向下的箭头,在图案面板中选择想要绘制的图案,单击面板右侧的设置按钮,可以选择其他预置图案效果。选择"岩石图案"选项(如图 6-3 所示),在弹出的对话框中单击"追加"按钮(如图 6-4 所示),则岩石图案出现在图案面板中默认图案的后面。

图 6-3　选择预置图案

图 6-4　追加预置图案

选择"石头(200 * 200 像素)"图案,在背景选区中拖动鼠标左键绘制,则将石头图案绘制到图像的背景中(如图 6-5 所示)。

用同样的方法,在图案面板中追加预置图案中的"彩色纸"类别的图案,选择"红色犊皮纸(128 * 128 像素)",用图案图章工具在人物背后涂抹绘制(如图 6-6 所示)。最终绘制完成,按 Ctrl+D 快捷键取消选择(如图 6-7 所示)。

2. 载入图案

在图案设置菜单中选择"载入图案"命令(如图 6-8 所示),打开"载入"对话框,该对话框用于选择后缀名为.pat 的图案文件,Pat 图案文件可以从互联网中搜索下载。下载后,在资源管理器中找到 Pat 文件进行载入,以选择"石壁纹理 1.pat"为例,单击对话框中的"载入"按钮(如图 6-9 所示)。

图 6-5 绘制图案

图 6-6 绘制图案

图 6-7 绘制完成

载入完成后，在图案面板的最下方可以看到刚刚载入的一系列图案（如图 6-10 所示）。

3. 定制图案

打开一张砖墙的小图片（如图 6-11 所示），用矩形选区工具选择图片所有区域（或按 Ctrl＋A 快捷键全选），可以将图片中矩形选区的图像定义为图案（如图 6-12 所示）。

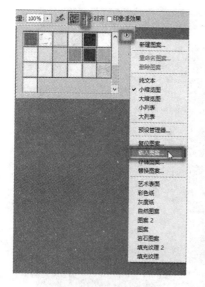

图 6-8　载入图案

图 6-9　"载入"对话框

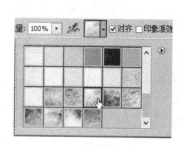

图 6-10　选择载入的图案

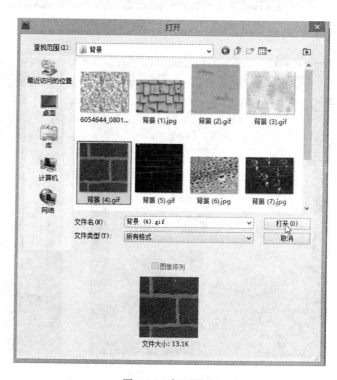

图 6-11　打开图片

在"编辑"菜单中选择"定义图案"命令(如图 6-13 所示),弹出"图案名称"对话框,将该区域中新定义的图案命名为"砖墙"(如图 6-14 所示)。选择图案图章工具,在属性栏中找到图案面板,刚刚定义的图案就保存在图案面板的最下方(如图 6-15 所示),选择该图案,在人像背景中涂抹,则可以将砖墙图案绘制到图像背景中(如图 6-16 所示)。

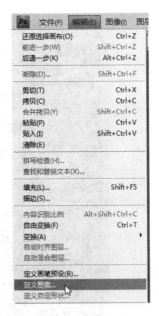

图 6-12 选择图片

图 6-13 定义图案

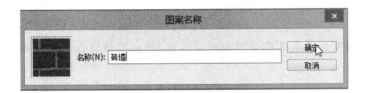

图 6-14 为图案取名

图 6-15 选择定义的图案

图 6-16　绘制图案

注意：定义图案的图像选区必须为矩形选区，用椭圆选区或其他选择工具选择的区域无法定义为图案。

6.1.2　填充工具及命令

1. 油漆桶工具

油漆桶工具![icon]可以将图像中近似的颜色区域全部喷涂成前景色或者图案。选择油漆桶工具，查看其属性面板（如图 6-17 所示）。模式、不透明度同画笔工具，此处不再赘述。打开一张原始图像（如图 6-18 所示），调整前景色为任意颜色，在油漆桶属性栏中选择"前景"，则将前景色喷涂到鼠标单击位置，同时，选中"连续的"复选框，使用油漆桶在画面中单击鼠标，则鼠标单击位置处连续的相似颜色被喷涂上前景色（如图 6-19 所示）。在属性栏中取消对"连续的"复选框的选中，在画面中同一位置处单击鼠标，则画面中所有同单击位置颜色相似的区域都被替换成前景色（如图 6-20 所示）。

图 6-17　油漆桶工具属性栏

将属性栏中的"前景"修改为"图案"，则用油漆桶工具可以喷涂图案。选择一个合适的图案，在画面中相同位置单击鼠标，则画面中所有相似颜色区域都被喷涂上相同图案（如图 6-21 所示）。

图 6-18 原始图像

图 6-19 喷涂连续区域

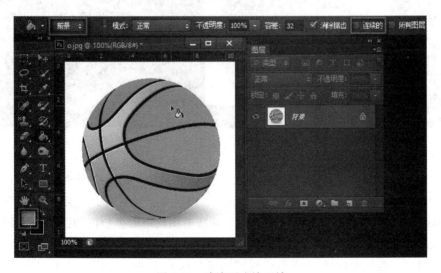

图 6-20 喷涂不连续区域

图 6-21　喷涂图案

修改属性栏中的容差值,默认容差值为"32",将其修改为"10",在图像中相同位置处单击,发现修改的图像范围减小(如图 6-22 所示)。容差值可以控制油漆桶修改的图像颜色范围。

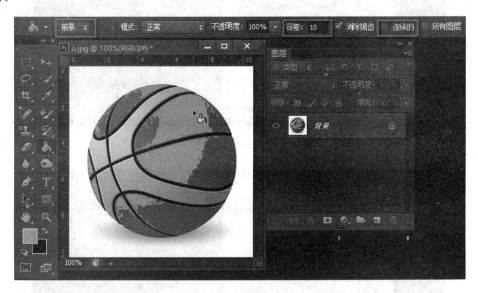

图 6-22　修改容差

选择背景图层中的球,将其复制到新建图层,并在新建图层中应用油漆桶(如图 6-23 所示)。如果不选中属性栏中的"所有图层"复选框,则只喷涂当前选中图层中颜色相似的图像区域;如果选中"所有图层"复选框,则会影响到所有图层中颜色相似的图像区域,并将修改的颜色或图案喷涂到所有的图层上(如图 6-24 所示)。

在油漆桶属性栏中选择"图案",设置同图案图章工具,在图案设置菜单中可以选择预置图案附加到图案面板中(如图 6-25 所示)。

图 6-23 喷涂当前图层同色区域

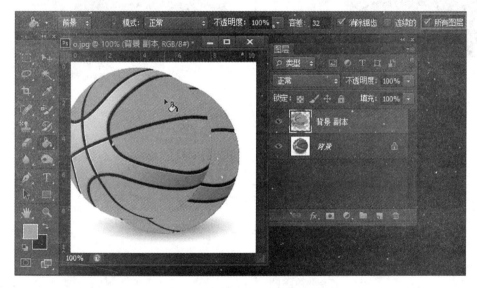

图 6-24 喷涂所有图层同色区域

在图案设置菜单中选择"载入图案"命令,打开"载入"对话框,可以将外部 Pat 文件载入到 Photoshop 软件中(如图 6-26 所示)。在"载入"对话框中选择"铁丝网背景图案.pat",单击"载入"按钮(如图 6-27 所示),新建一个空白文档,使用油漆桶在画布中喷涂选中的图案即可(如图 6-28 所示)。

2. 渐变工具

渐变工具■可以在画布中绘制渐变效果,使用方法是在画布中按住鼠标左键拖曳。修改前景色和背景色,选择渐变工具,则默认显示的渐变是从前景色到背景色的渐变(如图 6-29 所示)。在画布中按住鼠标左键不放进行拖曳,则可以拖曳出渐变影响范围的控制线,属性栏中默认选中的是线性渐变按钮,松开鼠标左键,线性渐变绘制完成(如图 6-30 所示)。

图 6-25 喷涂预置图案

图 6-26 选择"载入图案"命令

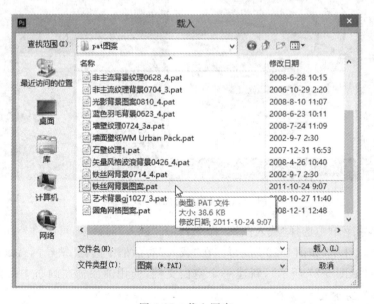

图 6-27 载入图案

修改属性栏中的线性渐变为径向渐变 ▣，在画布中拖曳鼠标左键（如图 6-31 所示），完成径向渐变的绘制（如图 6-32 所示）。控制线拖曳的越长，则渐变的范围越大，效果越平滑。分别选择角度渐变、对称渐变和菱形渐变，可以通过拖曳查看效果（如图 6-33～图 6-35 所示）。

图 6-28　喷涂图案

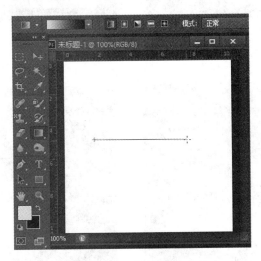

图 6-29　绘制渐变

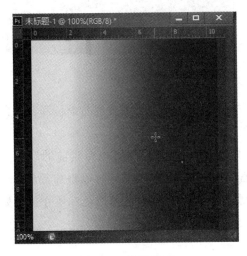

图 6-30　线性渐变

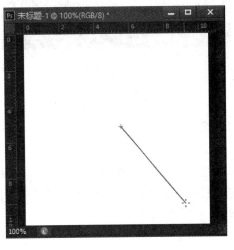

图 6-31　径向渐变

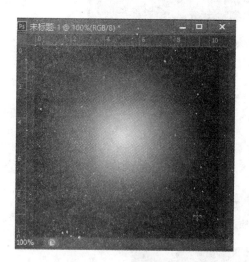

图 6-32　径向渐变效果

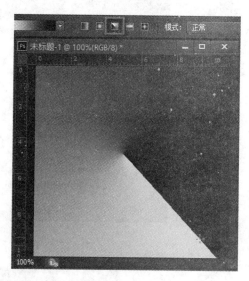

图 6-33　角度渐变

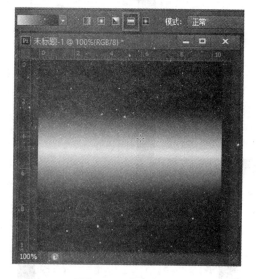

图 6-34　对称渐变

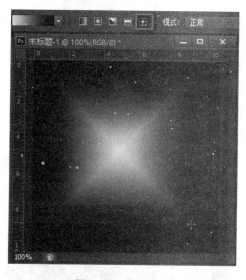

图 6-35　菱形渐变

　　在属性栏中选中"反向"复选框，按照同样方法创建菱形渐变，则发现前景色和背景色反方向设置渐变（如图 6-36 所示）。

　　单击属性栏中的渐变条（如图 6-37 所示），弹出"渐变编辑器"，可以对当前的渐变颜色及不透明度进行编辑（如图 6-38 所示）。在颜色带下方单击添加色标，可以添加颜色；在颜色带上方单击添加色标，可以添加不透明度控制。双击下方的色标，修改色标所在位置处的颜色（如图 6-39 所示）。

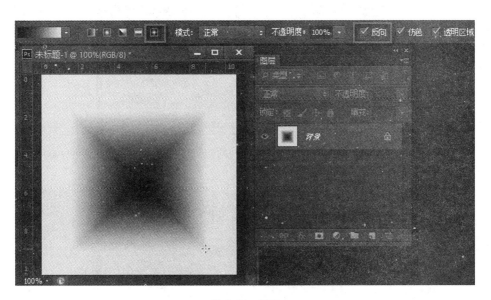

图 6-36 反向

图 6-37 编辑渐变

图 6-38 渐变编辑器

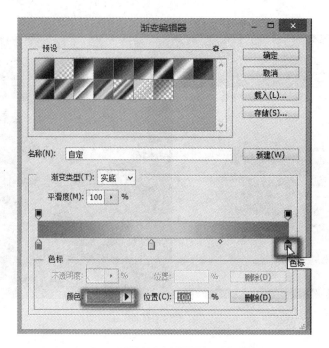

图 6-39　编辑颜色

　　选中颜色带上方的色标,可以修改色标所在位置颜色的不透明度(如图 6-40 所示)。将位置为"0％"和"100％"的不透明度设为"0",在黑色背景的画布中绘制线性渐变(如图 6-41 所示),查看渐变的编辑结果。在"渐变编辑器"中,修改该渐变的名称,单击"新建"按钮,可以对渐变进行保存(如图 6-42 所示)。

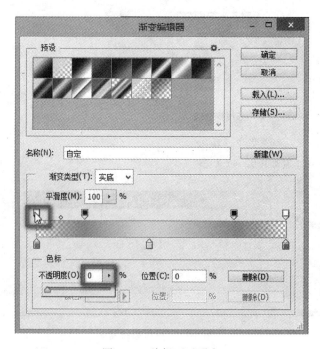

图 6-40　编辑不透明度

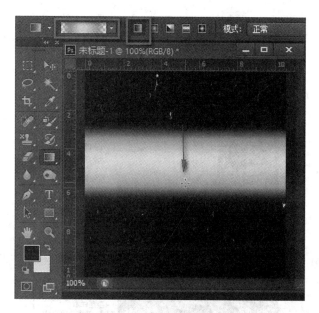

图 6-41 查看渐变效果

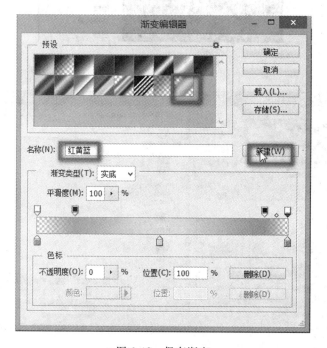

图 6-42 保存渐变

在渐变属性栏中,单击渐变颜色带右侧的下拉菜单,可以选择预置的渐变效果,并可以在设置菜单中选择追加多种预置的渐变类型(如图 6-43 所示)。Photoshop 可以对修改好的渐变面板进行存储,打开"渐变编辑器"(如图 6-44 所示),单击"存储"按钮,可以将修改好的渐变预设保存为 grd 文件。如果需要重新调用渐变预设,在"渐变编辑器"中单击"载入"按钮(如图 6-45 所示),则将之前保存的渐变预设载入(如图 6-46 所示)。

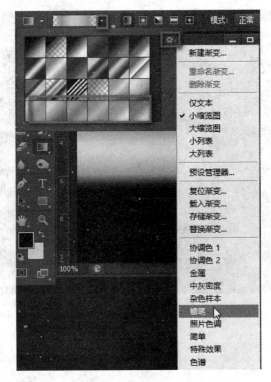

图 6-43　预置渐变类型

图 6-44　存储渐变预设

3. 填充命令

填充命令是将颜色、图案、图像内容识别分别填充在建立的选区内。打开一张图像,建立选区(如图 6-47 所示)。选择"编辑"菜单中的"填充"命令,打开"填充"对话框(如图 6-48 所示)。在"内容"中的"使用"下拉列表框中选择"前景色",则将前景色填充到整个选区中(如图 6-49 所示)。

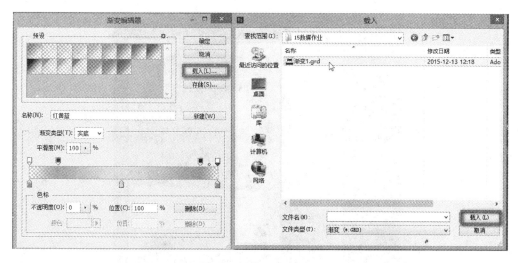

图 6-45 载入渐变预设

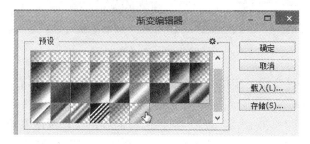

图 6-46 渐变预设

图 6-47 建立选区

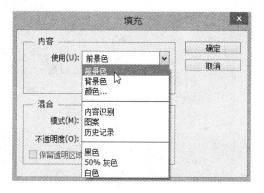

图 6-48 填充前景色

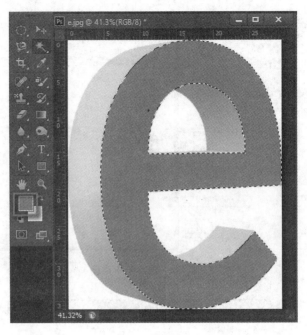

图 6-49　填充效果

按 Ctrl＋Z 快捷键撤销上步填充操作,重新打开"填充"对话框,在"内容"中的"使用"下拉列表框中选择"图案",在"自定图案"中选择"彩色纸"中的"红色纹理纸(128 ＊ 128 像素)"图案(如图 6-50 所示),单击"确定"按钮,则将选择的红色纹理纸图案填充到整个选区中(如图 6-51 所示)。在"填充"对话框中,设置混合模式及不透明度,则将前景色、图案分别以不同的叠加模式及透明度填充到选区中。选中"脚本图案"复选框,在"脚本"下拉列表中选择合适的脚本(如图 6-52 所示),则将该脚本图案效果叠加到填充效果中(如图 6-53 所示)。

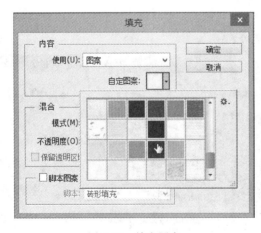

图 6-50　填充图案

图 6-51　填充效果

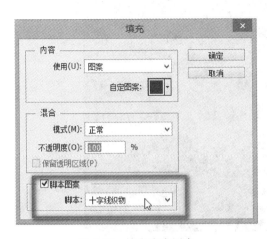

图 6-52 填充脚本图案　　　　　　　　　　　图 6-53 填充效果

　　在 Photoshop CS6 中，填充命令新增加"内容识别"功能，可以更加快捷地修复图像。打开一张墙壁的图像（如图 6-54 所示），图像中有几张白纸，可以利用填充命令的"内容识别"功能，将白纸消除。用套索工具大致将要消除的图像区域选中（如图 6-55 所示），在"编辑"菜单中选择"填充"命令（如图 6-56 所示），打开"填充"对话框，在"内容"中的"使用"下拉列表框中选择"内容识别"（如图 6-57 所示），则自动识别背景图像和选区中要清除的图像内容，并填充背景图像效果（如图 6-58 所示）。

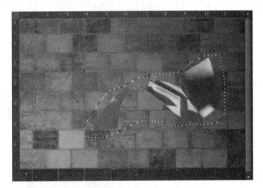

图 6-54 原始图像　　　　　　　　　　　　　图 6-55 建立选区

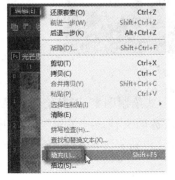

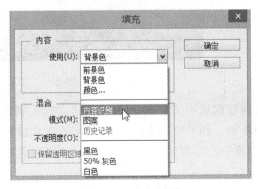

图 6-56 填充命令　　　　　　　　　　　　　图 6-57 内容识别

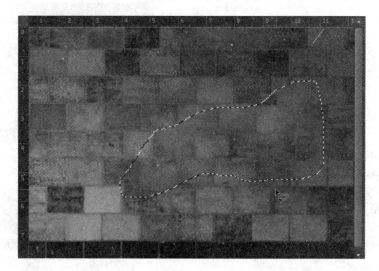

图 6-58　填充效果

6.2　案例与提高

6.2.1　制作照片纹理

自定义图案可以为照片添加合适的纹理效果。打开一张需要添加照片纹理的原始图像（如图 6-59 所示），为该照片添加合适的纹理效果。首先，新建一个透明背景的文档，文档的宽度为 56 像素，高度为 53 像素（如图 6-60 所示）。

图 6-59　原始图像

在新建的透明文档中，可以使用建立选区填充纯色的方式绘制图案，图案绘制效果可以不按照本例。图案绘制完成后，按 Ctrl＋A 快捷键，全选该透明文档，在"编辑"菜单中选择"定义图案"命令（如图 6-61 所示），打开"图案名称"对话框，将新定义的图案命名为"纹理"（如图 6-62 所示）。

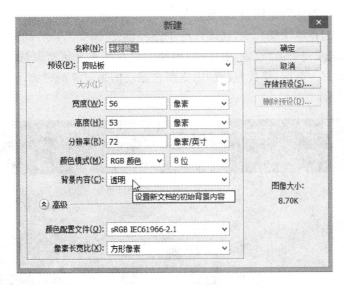

图 6-60　新建图像

图 6-61　定义图案

图 6-62　图案命名

打开需要添加纹理的原始图像,新建一层透明图层(如图 6-63 所示),在透明图层上填充新定义的图案。选择油漆桶命令,在属性栏中选择填充"图案",在右侧图案下拉列表的最后一项,选中刚刚定义完成的"纹理"图案,使用油漆桶在画布上单击鼠标,则将"纹理"图案填充到整个照片上方。最后,修改"纹理"图案所在图层的图层叠加模式,设置为"叠加"效果即可(如图 6-64 所示)。

图 6-63 填充图案

图 6-64 最终效果

6.2.2 制作彩虹

使用渐变编辑工具为风景图像添加彩虹。打开一张风景图像(如图 6-65 所示),选择工具面板中的渐变工具,在属性栏中预置的渐变类型中选择"透明彩虹渐变"(如图 6-66 所示），打开"渐变编辑器"对话框。

图 6-65 原始图像　　　　　　　　　　图 6-66 使用渐变

在"渐变编辑器"中，对选择的预置渐变类型进行编辑修改（如图 6-67 所示）。拖动渐变颜色带下方的色标，修改各个颜色的位置分别为 40％、45％、50％、55％、60％、65％，然后进一步调整渐变颜色带上方的色标，将各个颜色不透明度设置为中间不透明度为 100％，两边不透明度为 0％（如图 6-68 所示）。

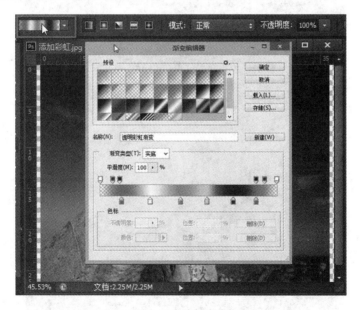

图 6-67 编辑渐变

编辑完成后，关闭"渐变编辑器"，选择属性栏中的"径向渐变"，在原始图像中新建一层透明图层，拖曳鼠标左键绘制出彩虹颜色的圆环（如图 6-69 所示）。选择矩形选区工具，调整羽化值为 20 像素，选择彩虹圆环的下半部分（如图 6-70 所示），按 Delete 键，删除下半部分彩虹圆环。修改彩虹所在图层的不透明度，将彩虹调整为半透明显示（如图 6-71 所示）。

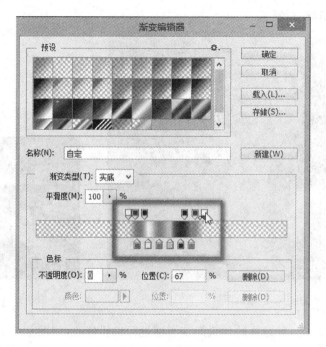

图 6-68　编辑渐变

图 6-69　绘制渐变

选择工具面板中的橡皮擦工具,在属性栏中选择硬度为 0 的圆形笔触,将图像中彩虹被山体遮挡的部分擦除(如图 6-72 所示)。

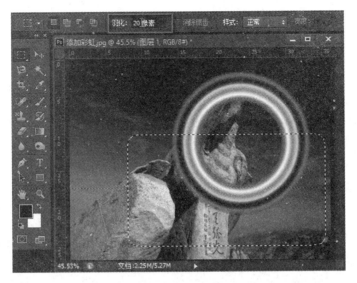

图 6-70　删除多余

图 6-71　调整不透明度

图 6-72　最终效果

习题

1. 在网络中搜索并下载合适的 Pat 图案,并加载到 Photoshop 软件中。
2. 简述油漆桶工具的功能有哪些。
3. 绘制并创建自定义图案,为图像添加合适的纹理效果。
4. 编辑渐变效果,并将自定义的渐变效果保存。

第 7 章

图像的调色与校色

本章学习目标

- 灵活运用调色命令调整图像的色彩
- 熟练修复曝光不足的图像
- 可以选择合适的调色命令改变图像的亮度、对比度
- 可以选择合适的调色命令改变图像的颜色、饱和度

7.1 图像的调色校色命令

7.1.1 调整图像的亮度和对比度

1. 自动对比度

图像的对比度是指图像画面中的明暗对比程度,是图像中明暗区域最亮的白和最暗的黑之间不同亮度层级的测量。差异范围越大,代表对比越大;差异范围越小,代表对比越小。自动对比度可以自动调整图像中明暗对比的程度,此命令由计算机运算生成,用户无法进行细节参数的调整。对比度的调整命令可以用来修复对比度不高、显示灰蒙蒙效果的图像。打开原始图像(如图 7-1 所示),在"图像"菜单中选择"自动对比度"命令(如图 7-2所示),则图像对比度修复完成(如图 7-3所示)。

2. 色阶

色阶是表示图像亮度强弱的指数标准,也就是图像中的灰度分辨率(又称为灰度级分辨率或者幅度分辨率)。

图 7-1 原始图像

图 7-2　自动对比度　　　　　　　　图 7-3　效果图

图像的色彩丰满度和精细度是由色阶决定的。色阶指亮度,和颜色无关,从亮度最高的白色到亮度最低的黑色,中间分布着不同级别程度的灰色。可以使用"色阶"调整图像的阴影、中间调和高光的强度级别,从而校正图像的色调范围和色彩平衡。按 Ctrl+L 快捷键,或者选择"图像"菜单中的"调整"|"色阶"命令,打开色阶直方图,用作调整图像基本色调的直观参考(如图 7-4 所示)。

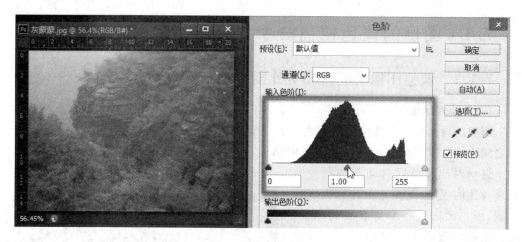

图 7-4　色阶直方图

在色阶直方图下方横轴方向有 3 个三角形,纵轴相对应的就是图像所在灰度的图像信息。黑色三角对应的纵轴为图像中的黑场区域;白色三角对应的纵轴为图像中的白场区域;灰色三角对应灰度区域。当白色和黑色对应的纵轴图像信息较少时,整张图片表现为明暗差异小、对比度小而图像灰蒙蒙的状态。拖动黑色三角形向右滑动,拖动白色三角形向左滑动,则相应映射到图像的白场与黑场获得一定的信息值,图像对比度增大(如图 7-5 所示)。

在"色阶"对话框中,最上方的"预设"下拉列表框中预设了一些对色阶的调整参数,可以通过直接选择调整图像色阶(如图 7-6 所示)。

图 7-5　调整色阶

　　"色阶"对话框右侧有 3 个吸管按钮,分别通过在图像中单击来设置图像的暗部区域、灰度区域及亮度区域。选择黑色吸管,单击图像中最暗的部位(如图 7-7 所示),然后选择白色吸管,单击图像中最亮的部位,色阶直方图会根据单击图像部位的不同,做出相应的修改(如图 7-8所示),最终图像调整完成(如图 7-9 所示)。在对话框中修改参数以后,如果按住 Alt 键,对话框中的"取消"按钮就会变成"复位"按钮,单击"复位"按钮可以将参数恢复到初始状态。

图 7-6　预设

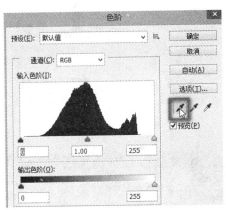

图 7-7　设置黑场

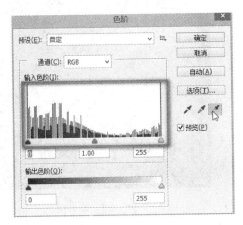

图 7-8　设置白场

图 7-9　效果图

3. 曲线

曲线调整可以调整整个图像的色调范围百分点。在"图像"菜单中选择"调整"|"曲线"命令，或者按 Ctrl＋M 快捷键，打开图像的"曲线"对话框。曲线图的横轴表示输入电平（原图像的值），纵轴表示输出电平（新调整的值）。默认曲线为横轴相对应亮度与纵轴相对应亮度相同的直对角线，图像表现为未改变（如图 7-10 所示）。当在线上单击添加控制点，向上移动控制点，曲线的形状发生变化，同时图像的亮度做出调整。此时曲线上点相对应横轴的亮度比相对应纵轴的亮度暗（如图 7-11 所示），则输出值比输入值高，原图变亮（如图 7-12 所示）。

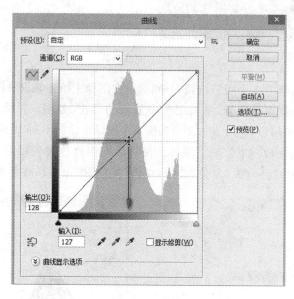

图 7-10　曲线

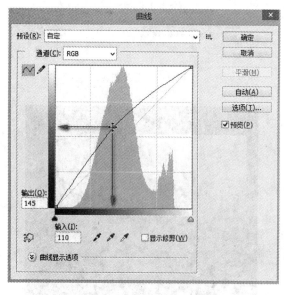

图 7-11　增大亮度

图 7-12　效果图

通过曲线调整原图的对比度,将图像暗部区域的亮度继续调暗,亮部区域的亮度继续调亮,将曲线调整为 S 形(如图 7-13 所示),则原图的对比度可以增大。其中,曲线较陡的部分代表较高的对比度,而曲线较平坦的部分代表较低的对比度。

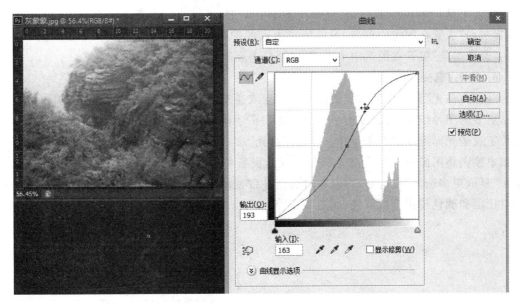

图 7-13　增大对比度

4. 亮度/对比度

亮度/对比度用来调整图像的亮度和对比度,可以对图像中的每个像素进行相同亮度及对比度的调整。在"图像"菜单中选择"调整"|"亮度/对比度"命令,打开"亮度/对比度"对话框(如图 7-14 所示)。将滑块向左拖动,则降低图像的亮度及对比度,将滑块向右拖动,则提高图像的亮度及对比度。

5. 曝光度

使用"曝光度"命令可以将拍摄中产生的曝光过度或曝光不足的图片处理成正常效果。在"图像"菜单中选择"调整"|"曝光度"命令,打开"曝光度"对话框(如图 7-15 所示)。在"预设"下拉列表框中可以选择预先设置好的曝光方案。

图 7-14　调整亮度/对比度

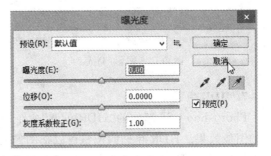

图 7-15　调整曝光度

曝光度:修改图像的曝光程度。值越大,图像的曝光度越大。对阴影部分的影响较小。向右拖动滑块或者输入正值,可以将画面调亮。

位移：指定图像的曝光范围。可以使阴影和中间调变暗，对高光部分的影响较小。向左拖动滑块或者输入负值，可以增加对比度。

灰度系数校正：指定图像中的灰度程度，校正灰度系数。

吸管工具：使用"设置白场"吸管在图像中单击，可以使单击点的像素变为白色；使用"设置灰场"吸管在图像中单击，可以使单击点的像素变为中性灰色（R、G、B 值均为 128）；使用"设置黑场"吸管在图像中单击，可以使单击点的像素变为黑色。

6. 阴影/高光

"阴影/高光"命令用来修复图像由于强光或逆光造成的图像中过亮或过暗的区域，尽量显示更多的图像细节，或修复由于被摄物体太靠近相机闪光灯而造成的图像发白的焦点，以及校正强逆光而形成的剪影照片。"阴影/高光"命令不只用于调整变亮或变暗的图像，它还可以单独调整图像中阴影或高光部分。默认设置解决背光问题的图像（如图 7-16 所示）。选中"显示更多选项"复选框，可以将对话框参数显示完整，"阴影/高光"命令还可以对中间调对比度和颜色校正进行调整（如图 7-17 所示）。

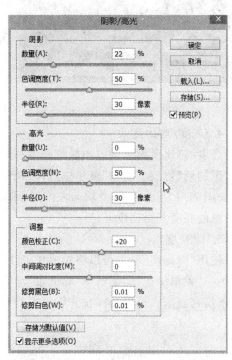

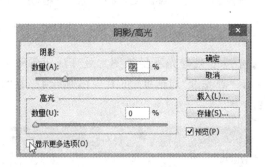

图 7-16　阴影/高光　　　　　　　　　　　图 7-17　完整面板

7. HDR 色调

Photoshop CS6 新增的"HDR 色调"命令用来修补太亮或太暗的图像，制作出高动态范围的图像效果。HDR 色调的调整可以把图像的亮部调亮，图像的暗部调暗，而且亮部的细节会被保留，这是和曲线色阶及对比度等调整不同的。普通的图片通过 HDR 色调的调整，转换成高动态光照图的效果，主要用于三维制作软件里面的环境模拟的贴图。

在"图像"菜单中选择"调整"|"HDR 色调"命令，打开"HDR 色调"对话框进行详细的参数调整（如图 7-18 所示）。单击"边缘光"左侧的三角按钮，打开"边缘光"选项组，可以对

发光效果的半径和强度进行设置。

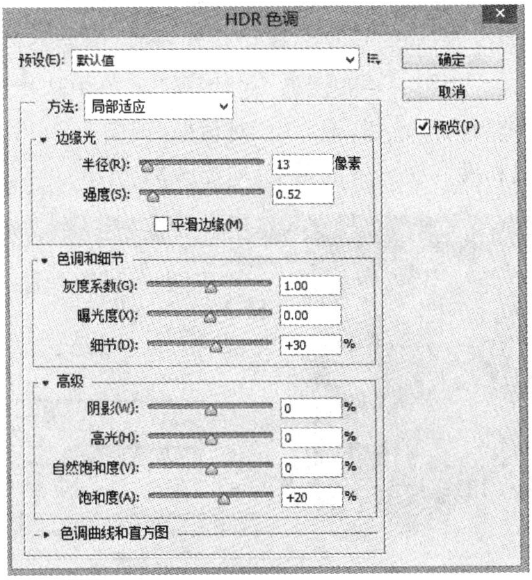

图 7-18 　"HDR 色调"对话框

半径：控制发光效果的大小。

强度：控制发光效果的对比度。

平滑边缘：选中此复选框，提升细节时可以使发光的边缘更加平滑。

单击"色调和细节"左侧的三角按钮，展开面板，可以调整参数使图像的整体色彩更加鲜艳。

灰度系数：用于调整高光和阴影之间的差异。

曝光度：用于调整图像的整体色调。

细节：用于查找图像的细节。

另外，在"高级"面板中可以调整阴影和高光区域的明暗度及饱和度。

8. 色调均化

在"图像"菜单中选择"调整"|"色调均化"命令，可以重新分布图像中像素的亮度值，打开的图像均匀地呈现所有范围的亮度值。

7.1.2　调整图像颜色

1. 自动色调和自动颜色

"自动色调"命令（如图 7-19 所示）自动调整图像中的暗部和亮部，可以对每个颜色通道进行调整，将每个颜色通道中最亮和最暗的像素调整为纯白和纯黑，中间的像素按比例重新分布。由于"自动色调"命令可以单独调整每个通道，所以可能会移去某种颜色而导致色偏。"自动颜色"命令可以通过搜索实际像素来调整图像的色相和饱和度，使图像颜色更为鲜艳。

图 7-19 　菜单

2. 色相/饱和度

"色相/饱和度"命令用来调整整个图像画面的颜色及饱和度,或者调整某个色相范围颜色的色彩及饱和度。需要注意的是,如果调整到较高数值,图像会产生色彩过饱和,造成图像失真。在 Photoshop CS6 中打开一张图像,在"图像"菜单中选择"调整"|"色相/饱和度"命令或按 Ctrl+U 快捷键,打开"色相/饱和度"对话框(如图 7-20 所示)。默认情况下,可以对整张图像进行色相、饱和度和明暗度的调整(如图 7-21 所示)。

图 7-20 "色相/饱和度"对话框

图 7-21 全图调整

在对话框右下角的位置,选中"着色"复选框,图像将呈现为单一色相,此时调整色相和饱和度均限制在对单一色相的修改(如图 7-22 所示)。

图 7-22 着色

不选中"着色"复选框，在颜色范围下拉列表中选择"黄色"，则在对话框下方的两条颜色带中间出现 4 个控制滑块（如图 7-23 所示）。上面的颜色带为信号输入，或称原图颜色信息，下面的颜色带为信号输出，或称为修改后颜色信息。4 个控制滑块范围内的颜色范围可以受到调整控制，在两个方形滑块中间的颜色为完全修改，而两个梯形滑块中间的颜色范围是控制影响的衰减范围，距离方形滑块越近的颜色，受到的调整影响越大。

图 7-23　色相范围调整

3．自然饱和度

"自然饱和度"（如图 7-24 所示）只修改饱和度过低的像素，在增加饱和度时，本身饱和度高的像素不会过高而出现色块。而"饱和度"与"色相/饱和度"命令相似，向右滑动滑块调高饱和度，可能会导致画面中饱和度过高。

4．色彩平衡

"色彩平衡"（如图 7-25 所示）用来控制图像的颜色分布，使图像达到色彩平衡的效果。该命令可以通过在"图像"菜单中选中"调整"|"色彩平衡"命令，或者按 Ctrl＋B 快捷键，进行设置。要减少某个颜色，就增加这种颜色的补色。

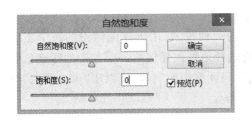

图 7-24　自然饱和度调整

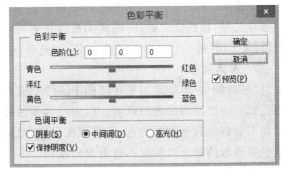

图 7-25　色彩平衡调整

5．照片滤镜

"照片滤镜"是模拟镜头前加彩色滤镜的效果，通过调整镜头传输前的色彩平衡和色温，使照片呈现出暖色调或冷色调的图像效果。可以通过选择预置滤镜"加温滤镜（85）"（如图 7-26 所示），也可以通过设置"颜色"及不同百分比的"浓度"来调整最终图像添加的色彩。

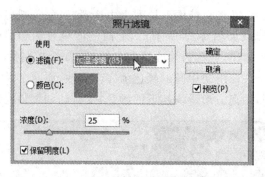

图 7-26　照片滤镜

6. 颜色查找

"颜色查找"(如图 7-27 所示)调整层可以实现高级色彩变化。LUT(lookup table)可以用来在数字中间片的调色过程中对显示器的色彩进行校正,而模拟最终胶片印刷的效果以达到调色的目的,也可以在调色过程中把它直接当成一个滤镜使用。

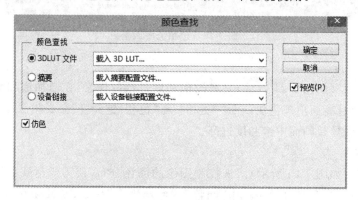

图 7-27　颜色查找

一维 LUT(1D LUT)影响所有的通道。二维 LUT(2D LUT)在各个通道之间没有相互依存关系,彼此独立处理,因此无法真正处理或禁止那些不可能存在的颜色。三维 LUT(3D LUT)的每一个坐标方向都有 RGB 通道,可以映射并处理所有的色彩信息。

7. 可选颜色

"可选颜色"最初是用来在印刷中还原扫描分色的一种技术,用于在图像中的每个主要原色成分中更改印刷色的数量。因为可选颜色能有选择地修改任何主要颜色中的印刷色数量而不会影响其他主要颜色,所以现在也成为后期数码调整中的利器,可以用"可选颜色"调整想要修改的颜色而保留不想更改的颜色。

8. 变化

"变化"可以分别调整图像内中间调、高光、阴影处的颜色,以及微调图像明暗区域各个部分的饱和度。通过单击原图下方的小图标,分别添加不同的颜色到"原稿"图像中,最终结果呈现在"当前挑选"的图像中(如图 7-28 所示)。

9. 匹配颜色

"匹配颜色"命令可以将一个图像(原始图像)的颜色与另一个图像(目标图像)的颜色相匹配。打开一张冷色调的原始图像(如图 7-29 所示),同时打开一张暖色调的目标图像(如

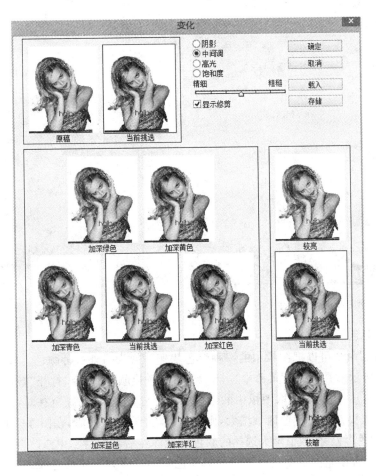

图 7-28　变化

图 7-30 所示），在原始图像选中的情况下，选择"图像"菜单中的"调整"|"匹配颜色"命令，打开"匹配颜色"对话框（如图 7-31 所示），在"图像统计"中的"源"下拉列表框中选择目标图像，则原始图像的冷色调按照目标图像的暖色调进行调整（如图 7-32 所示）。可以通过调整对话框中的"明亮度""颜色强度""渐隐"3 个参数来调整颜色匹配的程度。

图 7-29　原图

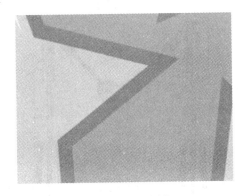

图 7-30　匹配图像

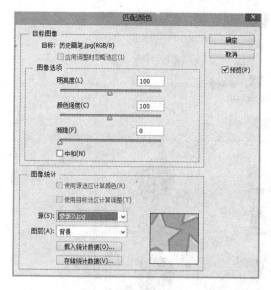

图 7-31 匹配命令

图 7-32 效果图

10. 替换颜色

"替换颜色"命令可以把图像中的一种颜色快速替换为另外一种颜色。打开一张原始图像(如图 7-33 所示),在"图像"菜单中选择"调整"|"替换颜色"命令,打开"替换颜色"对话框(如图 7-34 所示)。用吸管吸取图像中的紫色心形部分,被选择的颜色在对话框中显示为白色区域。如果需要修改的颜色区域增大,则使用"添加到取样"吸管,在图像中继续单击吸取,或通过增大"颜色容差"的数值增大选择的颜色区域。然后在"替换"中修改颜色的"色相""饱和度"和"明度",将原始图像中白色区域内的颜色替换成修改后的颜色(如图 7-35 所示)。

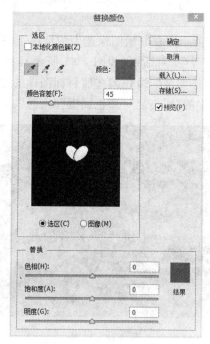

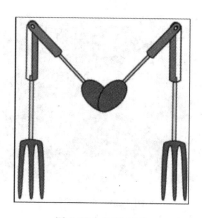

图 7-33 原始图像

图 7-34 替换颜色

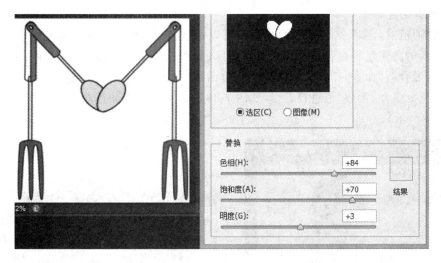

图 7-35 效果图

7.1.3 彩色图像变黑白图像

1. 去色

通过在"图像"菜单中选择"调整"|"去色"命令,可以将原始图像的颜色信息去掉,只保留原始图像的明暗度,彩色图像直接变成黑白图像。

2. 黑白

"黑白"命令比"去色"命令给了后期调色更多的灵活度。在"图像"菜单中选择"调整"|"黑白"命令,可以分别对原始图像中的几个原色信息进行相应的亮度调整(如图 7-36 所示)。

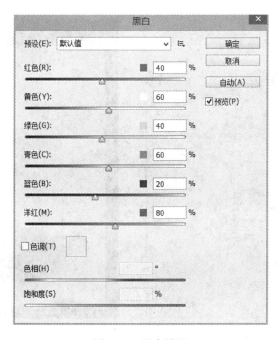

图 7-36 黑白设置

3. 通道混合器

利用"通道混合器"命令处理黑白照片，可以通过分别调整 3 个通道颜色分量的值，达到对比度清晰的高质量黑白照片。打开原始图像（如图 7-37 所示），在"图像"菜单中选择"调整"|"通道混合器"命令，打开"通道混合器"对话框（如图 7-38 所示）。选中"单色"复选框，对 3 个颜色分量及"常数"值进行设置（如图 7-39 所示），则可以获得对比度较高的黑白照片（如图 7-40 所示）。

图 7-37　原始图像

图 7-38　通道混合器

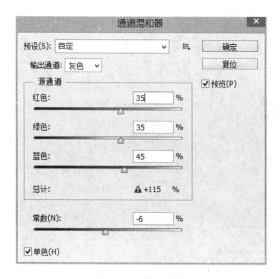

图 7-39　修改参数

图 7-40　黑白照片

7.1.4 特殊调色命令

1. 反相

"反相"命令用来将图像或选区内的像素颜色反转为补色,使其出现底片效果。可以通过"图像"菜单中的"调整"|"反相"命令,或按 Ctrl+I 快捷键,进行设置。

2. 阈值

"阈值"命令是实现将原图中像素的颜色信息转变为黑色和白色两种颜色。选择"图像"菜单中的"调整"|"阈值"命令,打开"阈值"对话框(如图 7-41 所示),通过输入数值或拖动滑块,可以调整"阈值色阶"的数值,其中,原图图像中亮度大于阈值的像素变为白色,亮度小于阈值的像素变为黑色,将彩色图像转化为高度反差图像。

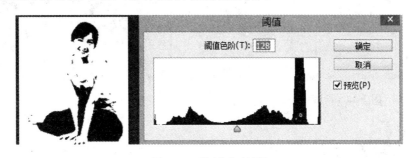

图 7-41 "阈值"对话框

3. 色调分离

可以通过"图像"菜单中的"调整"|"色调分离"命令,打开"色调分离"对话框,输入色阶值或者拖动滑块进行设置。色调分离可以对图像中的色彩制定色阶数目。色阶数值越小,图像中色彩数目越少,从而产生色调分离的效果;色阶数值越大,图像中颜色过渡越均匀。

4. 渐变映射

渐变映射可以用渐变色分别映射到原图,分别替换原图的中间调、高光及阴影的颜色。通过"图像"菜单中的"调整"|"渐变映射"命令,打开"渐变映射"对话框(如图 7-42 所示)。可以单击渐变打开"渐变编辑器"(如图 7-43 所示),调整渐变色后单击"确定"按钮,则渐变色左侧颜色映射到原图中的阴影部分,右侧颜色映射到原图的高光部分(如图 7-44 所示)。

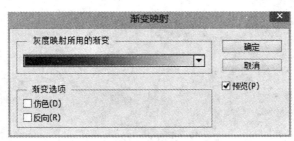

图 7-42 "渐变映射"对话框

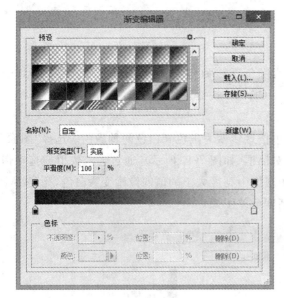

图 7-43　渐变编辑器

图 7-44　效果

7.2　案例与提高

图像色调的调整主要用于风景和人像图像的后期处理中,如对图像增加对比度和饱和度,修改原有图像的色彩,实现图像颜色的调整和修饰。

7.2.1　风景图像调色

打开风景原始图像(如图 7-45 所示),原始图像由于拍摄当天天气原因,效果较为平淡,有些灰蒙蒙的,对比度较低,可以通过简单的调色,恢复其应有的色彩,产生强烈的视觉冲击力。首先按下 Ctrl+J 快捷键,复制背景图层(如图 7-46 所示)。为了恢复图像的原始色调,使用"色阶"和"饱和度"命令,使图像具有鲜明的色彩和影调对比。

图 7-45　原始图像

　　按下 Ctrl＋L 快捷键,打开"色阶"对话框,发现图像亮度区域没有信息,拖动右侧滑块
向左移动,调整色阶到正常状态(如图 7-47 所示)。按下 Ctrl＋U 快捷键,打开"色相/饱和
度"对话框,向右调整饱和度的滑块,增大图像整体的饱和度(如图 7-48 所示)。为进一步加
强图像中黄色、绿色、青色和蓝色的饱和度,提高天空和绿树的颜色饱和度,在"色相/饱和
度"对话框中单独提高黄色的饱和度(如图 7-49 所示),利用同样方法,增大绿色的饱和度为
38,调整青色的饱和度为 40,调整蓝色的饱和度为 36。

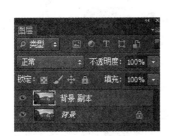

图 7-46　复制图层

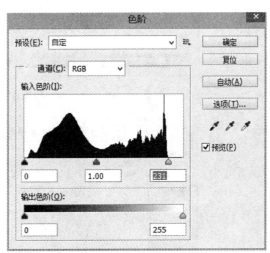

图 7-47　色阶

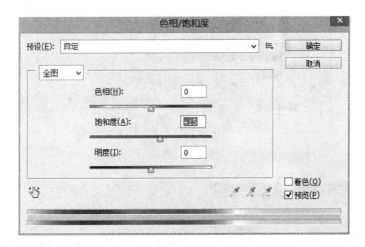

图 7-48　整体饱和度调整

　　按下 Ctrl＋M 快捷键,打开"曲线"对话框,将曲线调整为 S 型,增大图像的对比度(如
图 7-50 所示)。打开"可选颜色"对话框,增大青色的百分比(如图 7-51 所示),使天空更蓝。

　　为图像中整体的山脉增加暖色,利用"照片滤镜"对话框恢复山脉的艳丽色彩,调整滤镜
种类或颜色,增大滤镜的浓度(如图 7-52 所示)。如果觉得整体图像的饱和度仍需增加,可
以使用"自然饱和度"对话框进行调整(如图 7-53 所示),风景图像的颜色可以调整得较为鲜
艳(如图 7-54 所示)。

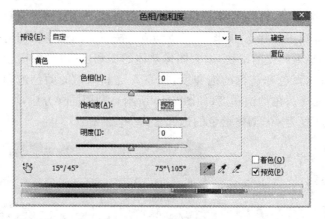

图 7-49 黄色饱和度调整

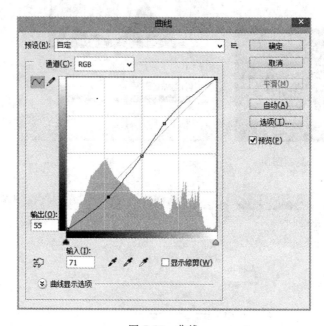

图 7-50 曲线

图 7-51 可选颜色

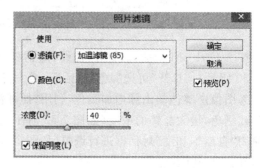

图 7-52 照片滤镜

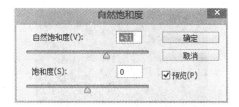

图 7-53　自然饱和度

图 7-54　效果

7.2.2　正片负冲的调色效果

在调整人像图像色彩时,正片负冲的人像效果较受年轻人艺术照制作的欢迎。

打开一张人像的原始图像(如图 7-55 所示),按下 Ctrl＋J 快捷键将背景图层复制出来(如图 7-56 所示)。在"图像"菜单中选择"调整"|"色彩平衡"命令,增加原图中"绿色"和"青色"的数量(如图 7-57 所示)。

图 7-55　原始图像

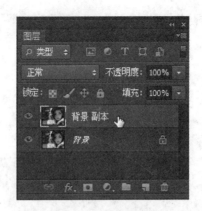

图 7-56　复制图层

图 7-57　色彩平衡

在"图层"面板下方右击"增加调整图层"按钮，选择"曲线"命令（如图 7-58 所示），打开"曲线"调整面板，设置曲线为 S 型，增大图像的对比度（如图 7-59 所示）。选择"背景 副本"图层，修改图层的混合模式为"叠加"，并调整图层的不透明度（如图 7-60 所示）。

注意：调整图层对图像的调整作用同"图像"菜单中的"调整"命令效果相同。不同之处在于，"调整"命令仅对当前选中的图层有效，调整图层对该图层下方的所有图层都具有调色的作用。"调整"命令对作用图层上的图像进行了彻底的修改，而调整图层只是将效果叠加到作用图层上，对图层上的图像未做修改。

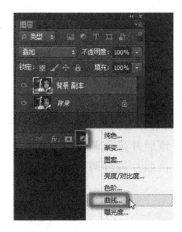

图 7-58 "曲线"命令

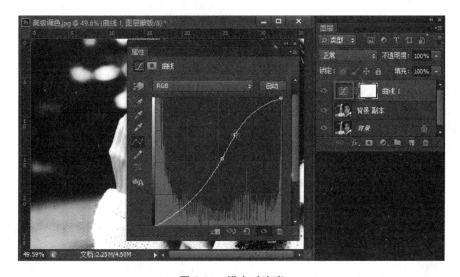

图 7-59 增大对比度

图 7-60 效果图

习题

1. 将彩色图像处理成黑白图像，分别有哪些方法？
2. 如何增大图像的对比度和饱和度？
3. 修改图像中某一特定颜色的方法共有几种，分别是什么？
4. 拍摄一张风景照片，并对该照片进行调色处理。
5. 拍摄一张人像照片，并对该照片进行调色处理。

第 **8** 章

绘制图形与路径

本章学习目标
- 熟练掌握钢笔工具的使用
- 可以自己设计制作 Logo

8.1 路径绘制工具组

1. 路径绘制工具

钢笔工具 🖊️：可以创建形状图形和路径，快捷键为 P。通过单击绘制锚点，在两个锚点之间创建直线路径。拖曳鼠标左键不放控制路径的切线方向，从而创建曲线路径。

自由钢笔工具 🖊️：按住鼠标左键可以自由地画出路径。

添加锚点工具 🖊️：在路径上自由地添加锚点，锚点越多，路径可以调整得越精细。

删除锚点工具 🖊️：通过在路径锚点上单击鼠标删除锚点。

转换点工具 🖊️：可以把路径上的圆角锚点和尖角锚点互相转换。

选择钢笔工具，在属性面板中可以选择钢笔工具的绘制类型（如图 8-1 所示）。

- 形状：在路径形成的区域内填充前景色，自动生成形状图层。
- 路径：可以创建点、直线和曲线。
- 像素：配合形状工具组，通过拖动鼠标左键生成各种形状的颜色块，颜色为前景色。

路径绘制完成后，可以通过路径选择工具和直接选择工具对路径进行调整（如图 8-2 所示）。

图 8-1　钢笔工具绘制类型　　　　图 8-2　路径选择工具和直接选择工具

- 路径选择工具：或称实心箭头工具，用来移动或选择整个路径。
- 直接选择工具：或称空心箭头工具，通过拖动或调整路径上的任意锚点，调整路径形状。

选择工具栏中的钢笔工具，按住鼠标左键不放，可以弹出钢笔工具、自由钢笔工具、添加锚点工具、删除锚点工具和转换点工具 5 个路径绘制工具，配合两个选择按钮，可以对绘制出的路径进行形状的编辑和修改，完成路径的后期细节修饰。

2. 路径的绘制与保存

绘制开放路径，新建空白文档，选择钢笔工具，单击鼠标创建锚点，在"属性"面板中选择"橡皮带"（如图 8-3 所示），则在移动鼠标时会拖出一条直线路径，单击鼠标后确定路径的长短和方向，按 Enter 键确定，则创建一条开放的路径（如图 8-4 所示）。如果鼠标回到起始锚点，钢笔工具右下角出现圆圈，单击鼠标闭合路径，即可创建一条闭合的路径（如图 8-5 所示）。

图 8-3　橡皮带

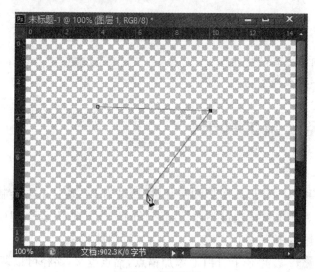

图 8-4　开放路径

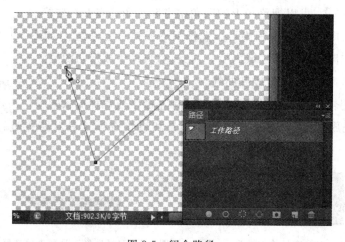

图 8-5　闭合路径

路径绘制完成后,可以通过"路径"面板查看路径的缩略图。在"路径"面板中选择该工作路径,在场景中继续绘制路径,则可以将新绘制的路径添加进该工作路径(如图 8-6 所示)。如果在"路径"面板中该路径不被选择的情况下绘制新的路径,会将该路径替换,因此要注意路径的保存。在"路径"面板中,双击该工作路径(如图 8-7 所示),打开"存储路径"对话框(如图 8-8 所示),则可以将临时的工作路径保存。

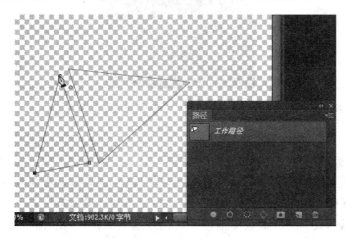

图 8-6　工作路径　　　　　　　　　　图 8-7　路径面板

曲线路径的绘制方法:在场景中单击鼠标,创建第一个起始锚点,然后在第二个锚点位置按住鼠标左键不放拖曳(如图 8-9 所示),则可以控制该路径弯曲的弧度。

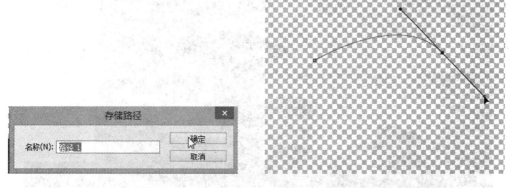

图 8-8　保存路径　　　　　　　　　　图 8-9　曲线路径的创建

3. 路径编辑与变换

可以通过直接选择工具调整路径上的锚点位置,对路径形状进行细微调整。对整体路径也可以进行自由变换,方法是:在"路径"面板中选择该路径,按下 Ctrl＋T 快捷键,则可以对路径的大小进行自由变换(如图 8-10 所示)。

4. 路径的描边与填充

创建选区后,打开"路径"面板,在面板右侧菜单中选择"填充路径"命令(如图 8-11 所示),可以在创建的封闭路径内填充前景色;如果选择"描边路径"命令,可以沿着已创建好的路径边缘描边。

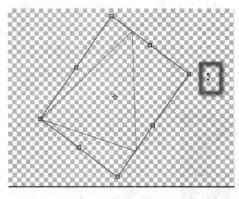

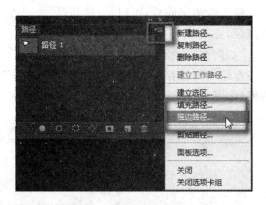

<table>
<tr><td>图 8-10　路径的自由变换</td><td>图 8-11　路径的填充与描边</td></tr>
</table>

5. 路径与选区的转化

创建选区后,打开"路径"面板,在面板右侧菜单中选择"建立工作路径"命令(如图 8-12 所示),打开"建立工作路径"对话框(如图 8-13 所示),单击"确定"按钮,则选区就被保存成了临时的工作路径(如图 8-14 所示),在"路径"面板中双击该路径进行路径的保存。对已经设置好的路径,也可以转化为选区,在"路径"面板中选择要转化为选区的路径,在"路径"面板右侧的菜单中选择"建立选区"命令(如图 8-15 所示),则可以将路径转化为选区。

图 8-12　创建工作路径

图 8-13　路径创建　　　　　　　　　图 8-14　工作路径

6. 形状与自定义形状的绘制与保存

在工具栏中选择形状工具组，可以绘制规则形状的路径、形状图层或像素（如图 8-16 所示）。最后一项是自定形状工具，可以在属性面板中进行选择或载入多种预置形状，也可以通过绘制好的路径进行自定义形状的保存。

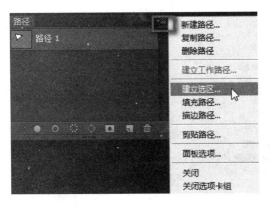

图 8-15　路径转为选区　　　　　　　　　图 8-16　形状

用钢笔工具绘制路径后，在"路径"面板中选择该路径（如图 8-17 所示），在"编辑"菜单中选择"定义自定形状"命令（如图 8-18 所示），打开"形状名称"对话框（如图 8-19 所示），则可以将路径保存在自定义形状面板中。选择自定义形状，在属性面板的预置形状的最后一项可以找到刚刚保存的形状（如图 8-20 所示）。

图 8-17　选择路径

图 8-18 定义自定义形状

图 8-19 保存形状

图 8-20 查看形状

8.2　案例与提高

8.2.1　Logo 的绘制

本案例是利用钢笔工具,设计并制作数字媒体艺术专业 Logo(如图 8-21 所示),这个 Logo 通过数字媒体艺术英文 Digital Media Arts 的首字母 DMA 设计而成。由于数字媒体艺术专业主要培养学生学习一些视听类媒体制作的技艺,因此,将 3 个字母进行连接,并分别用眼睛和声波表现。

图 8-21　数字媒体艺术专业 Logo

新建一个空白文档,选择工具栏中的渐变,利用渐变编辑器调整渐变的颜色(如图 8-22 所示),并将文档背景用渐变工具拖曳完成(如图 8-23 所示)。

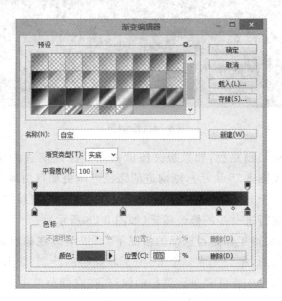

图 8-22　调整渐变颜色

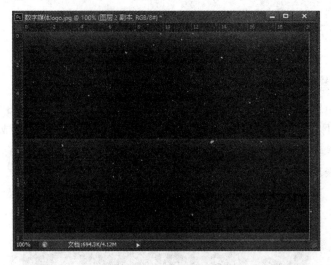

图 8-23 制作背景

选择工具栏中的钢笔工具,在画布中单击鼠标创建起始锚点,在合适的位置按住鼠标左键不放,拖曳一条曲线路径(如图 8-24 所示)。松开鼠标左键创建一个圆角锚点,该锚点可以通过切线的两条控制柄调整曲线的弧度。

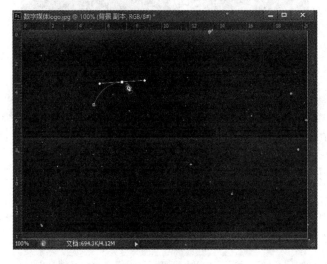

图 8-24 绘制路径

用类似的方法继续绘制路径,如果想去掉该锚点处控制前进的切线,按住 Alt 键的同时,在该锚点处单击(如图 8-25 所示),则前进的路径可以更加自由地控制其弯曲的方向,最终回到起始锚点完成一个封闭路径的创建。选择工具栏中的“直接选择工具”,可以对锚点的位置和路径的曲度进行进一步的修改编辑(如图 8-26 所示)。

在“路径”面板中,保持工作路径选择的情况下,可以继续在原有的路径上添加路径,用同样的方法绘制声音波形,最终完成整个 Logo 形状路径的绘制(如图 8-27 所示)。

在“路径”面板中双击工作路径进行路径的保存,在右侧菜单中选择“建立选区”命令(如图 8-28 所示),将绘制完成的路径转化为选区(如图 8-29 所示)。

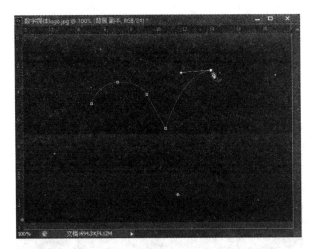

图 8-25 去除切线

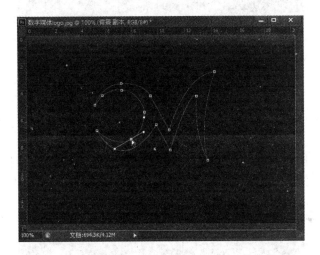

图 8-26 封闭路径

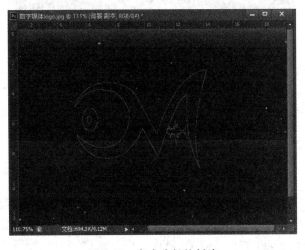

图 8-27 完成路径的创建

图 8-28　"建立选区"命令

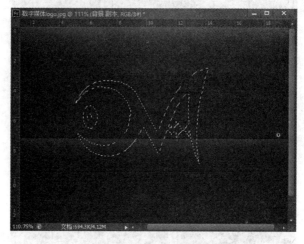

图 8-29　转化为选区

新建一个 Logo 图层,利用"渐变编辑器"设置颜色,通过在画布中拖曳鼠标左键,将设置好的渐变填充到 Logo 图层所在的选区中(如图 8-30 所示)。

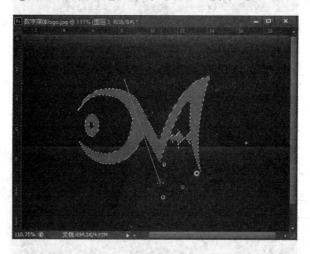

图 8-30　在选区中填充渐变

双击 Logo 图层,打开"图层样式"对话框,在左侧样式中,选中"斜面和浮雕"复选框(如图 8-31 所示),设置合适的参数,使 Logo 更具有立体效果。复制该图层,并将其反转,降低该图层的透明度,设置 Logo 的投影效果,最终完成 Logo 的制作(如图 8-32 所示)。

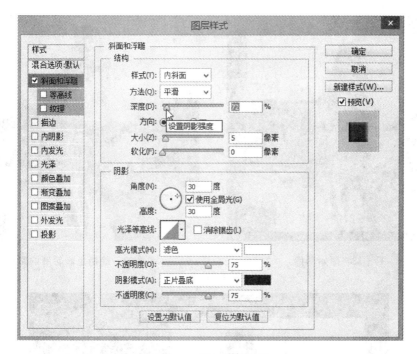

图 8-31　添加斜面浮雕

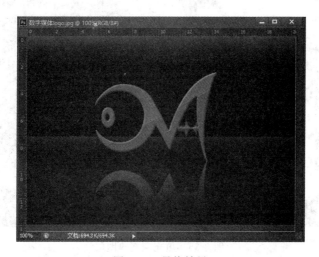

图 8-32　最终效果

8.2.2　用照片制作剪贴画

　　钢笔工具可以按照图像角色的轮廓进行路径绘制,通过给路径填充不同的颜色、图案或者渐变,从而将照片处理成剪贴画的效果。打开一张人物的原始图像(如图 8-33 所示),将图像放大,按照上衣的外轮廓形状,用钢笔工具绘制路径(如图 8-34 所示)。

　　在"路径"面板中双击该路径进行保存,取名为"上衣",并添加一个新建图层,同时取名为"上衣",按住 Ctrl 键的同时,单击"路径"面板中的"上衣"缩略图,将路径转化为选区,选择合适的前景色,利用油漆桶喷涂在新建的"上衣"图层中(如图 8-35 所示)。

图 8-33　原始图像

图 8-34　绘制上衣轮廓的路径

图 8-35　填充到新建图层

　　利用相同的方法,分别绘制并保存裤子和靴子形状的路径,并分别选择合适的颜色,喷涂到相应的裤子和靴子图层中,这样可以更好地对图层的位置进行调整和修改(如图 8-36 所示)。绘制腰带形状的路径,在路径填充时,还可以选择合适的图案进行填充(如图 8-37 和图 8-38 所示)。

　　用同样方法将帽子、腰带、头巾等细节也分别填充到不同的图层(如图 8-39 所示)。

　　在所有图层的最上方新建透明图层,命名为"褶皱",使用画笔工具,选择合适的前景颜色,通过涂抹绘制衣服的褶皱效果(如图 8-40 所示)。

　　最终可以为其添加合适的背景图像,完成整个作品的制作(如图 8-41 所示)。

图 8-36 分别填充靴子和裤子

图 8-37 填充图案

图 8-38 填充腰带图案

图 8-39　分别填充

图 8-40　绘制褶皱细节

图 8-41　添加背景

习题

1. 如何利用钢笔工具绘制自定义形状并进行保存？
2. 利用钢笔工具为自己的专业或班级设计 Logo。
3. 选择合适的人物图像制作剪贴画。

第 9 章

文字的编辑

本章学习目标
- 熟练掌握新字体的安装方法
- 熟练操作文字的输入和编辑
- 灵活对文字图层、文字选区、路径进行转化操作

Photoshop CS6 可以在平面作品中加入对文字的设计、编辑和排版，并可以结合路径和选区等工具对文字进一步修改和美化。

9.1　文字工具

在工具栏中，文字工具包括横排文字工具、直排（竖排）文字工具、横排文字蒙版工具、直排（竖排）文字蒙版工具 4 个命令（如图 9-1 所示）。由于计算机系统中自带的文字字体有限，所以经常会从网络上下载需要的字体安装在计算机中。

在计算机系统中找到"控制面板"，并双击"字体"（如图 9-2 所示）。把网络上下载的字体文件粘贴到"字体"界面下，本例复制安装的字体为"方正兰亭黑简体"（如图 9-3 所示）。重新打开 Photoshop CS6 软件，选择文字工具，在属性栏字体下拉列表中即可选择"方正兰亭黑简体"（如图 9-4 所示）。

图 9-1　文字工具

新建一个空白文档，选择工具栏中的横排文字工具，在属性栏中选择需要的字体，输入字号为"250 点"，选择"靠左对齐"，设置文字的颜色，然后在文档中单击鼠标，即可输入文字，在图层面板中可以看到自动添加了一层文字图层"图层 2"（如图 9-5 所示），输入完成后单击属性栏右侧的对勾确定输入（如图 9-6 所示）。

在属性面板右侧单击"创建文字变形"按钮（如图 9-7 所示），打开"变形文字"对话框，可以设置文字图层的样式，选择"扇形"，文字图层上的文字即可变形为扇形（如图 9-8 所示）。

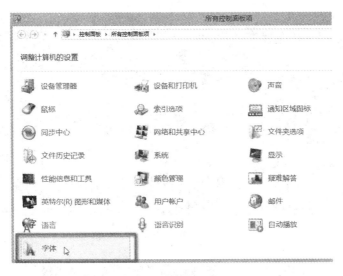

图 9-2 控制面板

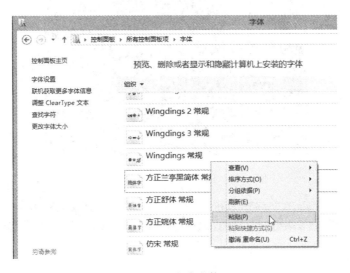

图 9-3 安装字体

图 9-4 选择字体

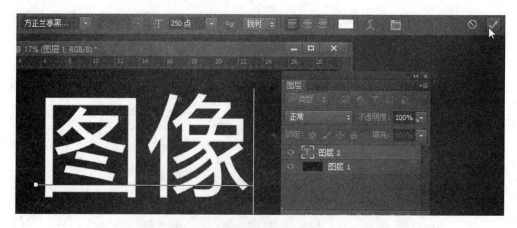

图 9-5　输入横排文字

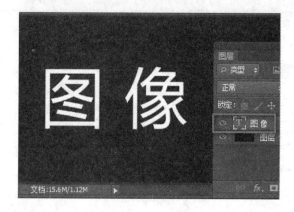

图 9-6　文字图层

图 9-7　文字属性面板

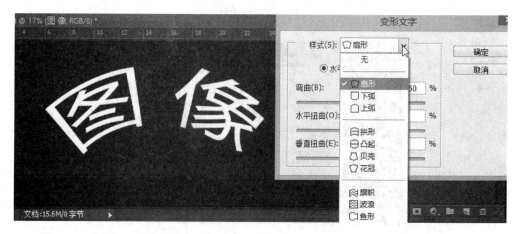

图 9-8　变形文字

在属性栏中单击"切换字符和段落面板",可以打开"字符"和"段落"选项卡,对文本的字体、字号、颜色、字间距、行距、垂直缩放、水平缩放、对齐方式、缩进方式等进行细微调整(如图9-9所示)。

选择文字工具,在新建的空白文档中单击鼠标,即可出现文字输入的光标(如图9-10所示),移动鼠标,当光标显示为移动标志时,可以对文字的输入位置进行调整。如果在新建的空白文档中按住鼠标左键不放进行拖动,则可以创建文字的输入区域,文本可以在区域内自动换行(如图9-11所示)。

图9-9　字符和段落格式

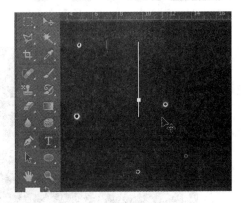

图9-10　单击

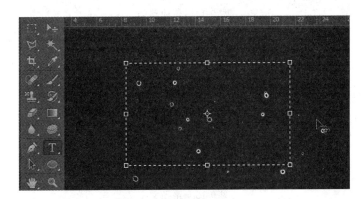

图9-11　拖动文本框

文字输入完成后,在图层面板中选择文字图层,使用文本工具在文档中的文字上单击,可以对文本进行格式的修改。如果不需要继续修改文本格式,而是把文字当作图像来处理,则需要在文字图层上右击,选择菜单中的"栅格化文字"命令,将文字图层格式化为普通图层(如图9-12和图9-13所示)。

还可以输入路径文字,即文字沿着路径进行排列。在文档中绘制一个椭圆路径(如图9-14所示),选择工具栏中的横排文字工具,将鼠标移动到文档界面中的路径上,当鼠标标志在文字输入光标上出现一条虚线时(如图9-15所示),单击鼠标后输入文字,则输入的文字会沿着路径的方向进行排列(如图9-16所示)。

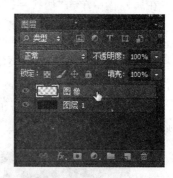

图 9-12 栅格化文字图层

图 9-13 转换为普通图层

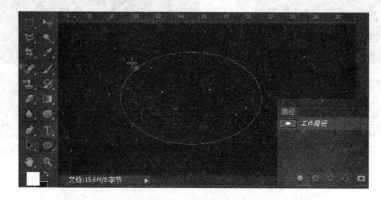

图 9-14 新建路径

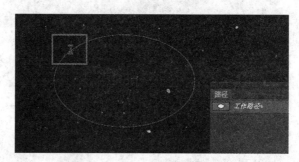

图 9-15 路径文字

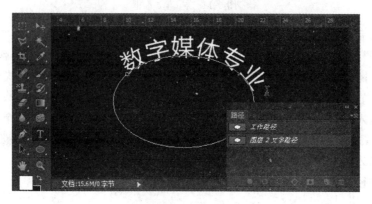

图 9-16 文字输入

　　直排(竖排)文字工具和横排文字工具的使用方法相同,唯一不同之处在于文字竖排排列。

　　选择工具栏中的横排文字蒙版工具,在文档中单击鼠标输入,界面呈现半透明红色,当文字输入和修改完成,单击属性栏右侧的对勾确定后,则会在文档中创建一个文字形状的选区(如图9-17所示)。

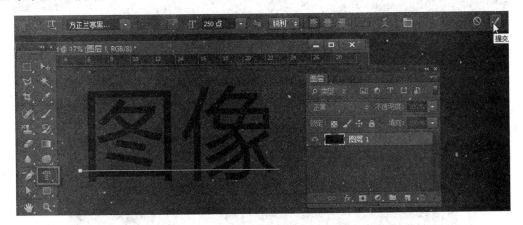

图 9-17　输入文字蒙版

9.2　案例与提高

　　利用文字工具进行艺术字的设计和排版。

　　新建一个背景为黑色的空白文档,在工具栏中选择横排文字蒙版工具,在属性栏中设置文字的字体和字号,在文档中单击鼠标并输入大写英文"DMA"(如图9-18所示)。

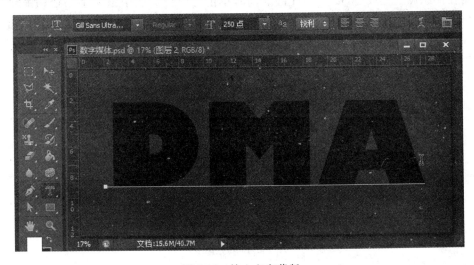

图 9-18　输入文字蒙版

　　输入完成后,单击属性栏右侧的对勾确定,则在文档中创建出文字选区。打开"图层"面板,新建一个空白的图层,取名为DMA。打开"路径"面板,在面板右侧菜单中选择"建立工作路径"命令,可以将文字选区转化为路径(如图9-19所示)。

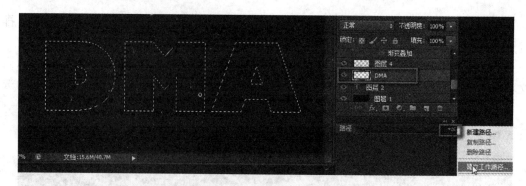

图 9-19　创建文字选区

用删除锚点工具去除文字路径上多余的锚点，利用转换点工具将圆角锚点转化为直角锚点，并使用直接选择工具调整锚点的位置（如图 9-20 所示）。

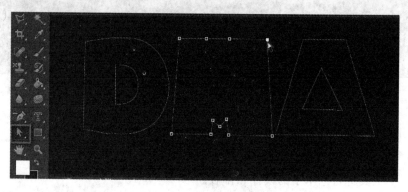

图 9-20　转换路径并调整

路径形状调整完成后，按住 Ctrl 键的同时单击"路径"面板中该文字路径的缩略图，将路径再次转化为选区。然后在工具栏中选择"渐变工具"，在属性栏中打开渐变编辑器，选择合适的颜色，在 DMA 图层选中的情况下，从上而下拖动鼠标左键，将渐变色填充到选区中（如图 9-21 所示）。

图 9-21　填充渐变

按下 Ctrl+D 快捷键取消选择，然后对 DMA 图层分别建立选区，将多余的颜色区域按 Delete 键进行删除（如图 9-22 所示）。

使用横排文字工具输入"DIGITAL MEDIA ARTS"，并调整文字大小放到合适的位置（如图 9-23 所示）。最终为艺术字添加合适的背景（如图 9-24 所示）。

图 9-22 删除多余图像

图 9-23 添加文字

图 9-24 最终效果

习题

1. 从网上下载合适的字体并安装到计算机中，打开 Photoshop CS6 进行文字的编辑和排版。

2. 设计一款艺术字，主题不限。

第 10 章

通道与蒙版

本章学习目标
- 熟练掌握 3 种通道类型和作用
- 灵活运用 Alpha 通道对图像进行抠图
- 熟练掌握蒙版的使用方法

本章详细介绍通道的分类、功能及应用和蒙版的原理及应用。通道主要包括原色通道、专色通道和 Alpha 通道三类；蒙版在原理上与 Alpha 通道的原理相同。

10.1 通道

1. 原色通道

在 Adobe Photoshop CS6 中打开一张 RGB 颜色模式的原始图片（如图 10-1 所示），打开"通道"面板，则可以看到 RGB 复合通道（或称为原图）、红色通道、绿色通道和蓝色通道。

其中，红色通道、绿色通道和蓝色通道称为原色通道，利用不同的灰度层级来表示原图所包含该原色的颜色信息。选择红色通道（如图 10-2 所示），在红色通道中显示为白色的区域，在原图中显示为红色；在画布中显示为黑色的区域，在原图中则不包含红色信息；在画布中显示为不同的灰色，在原图中表示不同亮度的红色信息。

选择绿色通道（如图 10-3 所示），在画布中显示越白的区域，原图中显示的绿色程度越强；在画布中显示为黑色的区域，在原图中则不包含绿色信息；在画布中显示为不同的灰色，在原图中表示不同亮度的绿色信息。

选择蓝色通道（如图 10-4 所示），在画布中显示越白的区域，原图中显示的蓝色程度越强；在画布中显示为黑色的区域，在原图中则不包含蓝色信息；在画布中显示为不同的灰色，在原图中表示不同亮度的蓝色信息。

2. 专色通道

专色通道用来存储原图中特殊颜色的信息，主要用于印刷制品的打印。打开一张

图 10-1　RGB 复合通道

图 10-2　红色通道

图 10-3　绿色通道

图 10-4　蓝色通道

CMYK 颜色模式的图像(如图 10-5 所示),打开"通道"面板,可以看到除了青色、洋红色、黄色、黑色通道之外,还有一层专色通道,用来存储原图的烫金色信息。

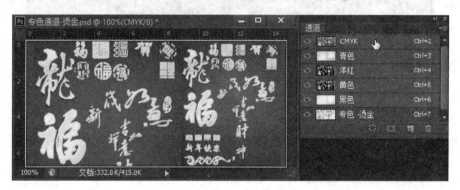

图 10-5　复合通道(原图)

选择青色通道(如图 10-6 所示),在画布中显示越白的区域,说明打印出来该颜色的浓度越弱;在画布中显示越黑的区域,打印出青色的浓度越强;在画布中显示为不同的灰色,在原图中则可以打印出不同浓度的青色信息。

图 10-6　青色通道

选择洋红色通道（如图 10-7 所示），在画布中显示越白的区域，说明打印出来该区域所含洋红色越少；在画布中显示越黑的区域，则打印出的洋红色越浓。由此可知整个图像除了文字区域外，整个背景都打印出了洋红色。

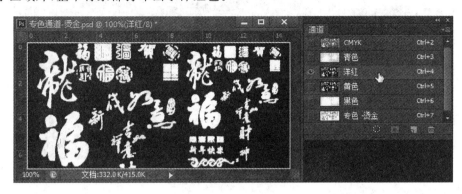

图 10-7 洋红色通道

选择黄色通道（如图 10-8 所示），在画布中显示越白的区域，说明打印出来该区域所含黄色越少；在画布中显示越黑的区域，则打印出的黄色越浓。由此可知整个图像除了文字区域外，整个背景都打印出了黄色。由减色原理可知，黄色和洋红色叠加打印为红色，即原图显示出红色信息。

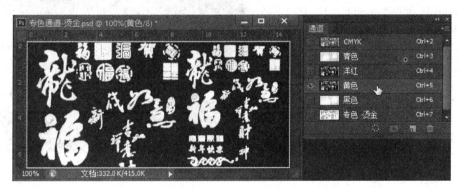

图 10-8 黄色通道

选择黑色通道（如图 10-9 所示），原理同上，不再赘述。

图 10-9 黑色通道

选择专色通道,用于打印烫金文字,灰度越深的区域,原图所打印出的烫金色越多(如图 10-10 所示)。

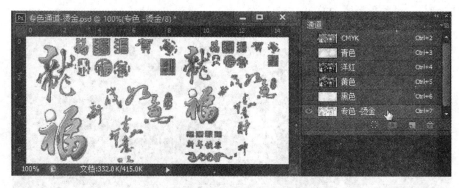

图 10-10　专色通道(烫金色)

3．Alpha 通道

Alpha 通道利用不同的灰度级别用于存储选区,白色代表选区,灰色代表羽化区域,黑色代表非选区。

打开一张原始图像(如图 10-11 所示),打开"通道"面板,在"通道"面板下方选择"创建新通道"按钮(如图 10-12 所示),在图像中被遮罩上一层半透明的红色,则在"通道"面板中增加一个 Alpha1 通道,该通道为纯黑色,代表此时没有任何选区。单击"通道"面板中 RGB 复合通道左侧的显示按钮,选择 Alpha1 通道,将前景色调整为白色,在工具栏面板中选择画笔工具,选择笔头为边缘虚化的笔头,在画布上涂抹(如图 10-13 所示)。

图 10-11　原始图像

图 10-12　新建 Alpha 通道

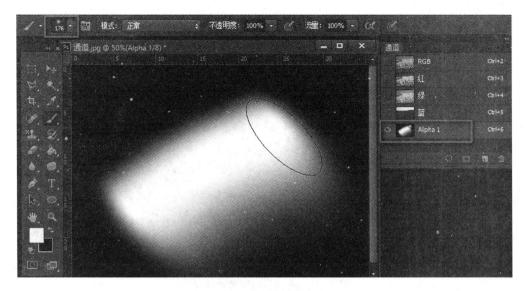

图 10-13　绘制白色

选择"通道"面板中的"将通道载入选区"按钮，或者按住 Ctrl 键的同时单击 Alpha1 的缩略图，则可以将 Alpha1 通道载入选区（如图 10-14 所示）。其中，纯白色代表全选，黑色代表不被选择，灰色代表羽化选择。此时，单击通道中的 RGB 复合通道，选择原图，使用工具栏中的移动工具，可以移动选区内的图像。可以看到，Alpha 通道周围灰色显示所载入的选区，可以以羽化的方式选择原图，造成原图选区边缘的半透明显示（如图 10-15 所示）。

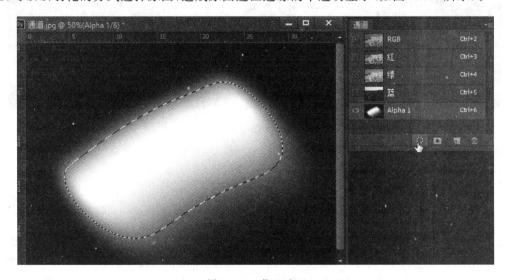

图 10-14　载入选区

除了上述将 Alpha 通道载入选区的操作，还可以将选区存储为 Alpha 通道。打开原始图像，在工具栏中选择椭圆形选区，修改羽化值为 50 像素，在场景中拖曳鼠标左键创建选区，打开"通道"面板，在面板下方选择"将选区保存为通道"按钮，则将椭圆形选区保存为 Alpha1 通道（如图 10-16 所示）。其中，选区内部在 Alpha1 通道中显示为白色，而羽化区域显示为灰色。

图 10-15　移动原图中选区的图像

图 10-16　选区保存为 alpha 通道

10.2　蒙版

蒙版可以通过不同的灰度来控制图像的显示。

打开两张风景图像(如图 10-17 和图 10-18 所示),将第二张带有白云的图像拖曳到第一张高山的风景图像中(如图 10-19 所示),打开"图层"面板,白云的图像以图层 1 为名置于高山风景的上一层。单击"图层"面板下方的"添加图层蒙版"按钮,为图层 1 添加图层蒙版,默认图层蒙版为纯白色,可以将左侧的图像完全显示。选择工具栏中的渐变命令,调整渐变色从黑色到白色,选中图层蒙版,在图像中从下向上拖动鼠标,将图层蒙版填充为黑色到白色的渐变。蒙版中黑色区域所对应的图层 1 中图像隐藏,显示出背景中的图像;蒙版中白色区域对应左侧的图像显示,遮住背景层的图像;而灰色区域对应的图像呈半透明显示,可以和背景层的图像很好地融合为一体(如图 10-20 所示)。

图 10-17 原始图像 1

图 10-18 原始图像 2

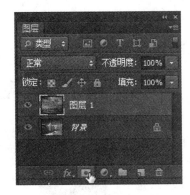

图 10-19 新建蒙版

图 10-20 在蒙版中创建渐变

打开"通道"面板,可以看到添加图层蒙版的同时,"通道"面板会自动添加一个蒙版通道(如图 10-21 所示)。

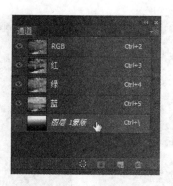

图 10-21　通道面板

10.3　案例与提高

10.3.1　黑色背景抠图

通过原色通道记录原图颜色信息的原理，可以将彩色图像从黑色背景中抠出。

打开一张黑色背景的原始图像（如图 10-22 所示），打开"通道"面板，按住 Ctrl 键的同时单击红色通道的缩略图，则将原图中具有红色信息的图像载入选区（如图 10-23 所示）。

按下 Ctrl+C 快捷键复制原图，新建一个空白文档，按下 Ctrl+V 快捷键将复制的图像粘贴到 R 图层中（如图 10-24 所示）。

图 10-22　原始图像

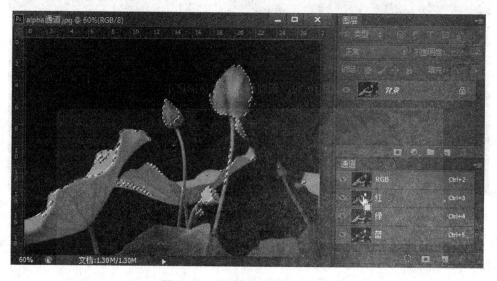

图 10-23　复制红色通道颜色信息

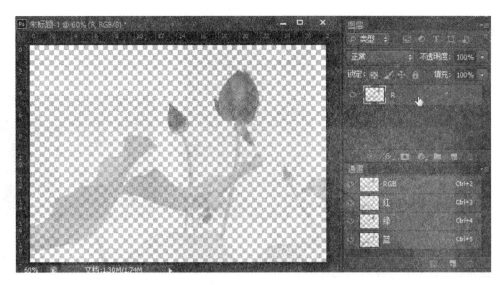

图 10-24 粘贴到新建文档

按住 Ctrl 键的同时单击原始图像中绿色通道的缩略图,将原图中绿色信息的图像载入选区,按下 Ctrl+C 快捷键复制,然后粘贴到新建的图像的 G 图层中。按照如上方法,将原图中含有蓝色信息的图像粘贴到 B 图层中,添加一层白色背景,则完成图像从原始图像的黑色背景中抠出(如图 10-25 所示)。

图 10-25 复制完成

10.3.2 半透明图像抠图

根据 Alpha 通道可以选择半透明的图像区域这种特性,本案例将讲述如何利用 Alpha 通道抠取半透明的蝉翅。

打开一张白色背景的蝉的原始图像(如图 10-26 所示),打开"通道"面板,选择图像和背景黑白对比较强的通道,本例选择蓝色通道,拖动蓝色通道到新建按钮上(如图 10-27 所示)。

图 10-26　原始图像

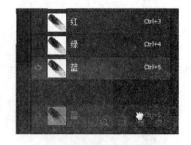

图 10-27　复制蓝色通道

注意：千万不能直接在原色通道上修改，否则会改变原图的颜色信息。

在"通道"面板中复制出一个蓝色副本通道，该通道本质上是 Alpha 通道（如图 10-28 所示）。

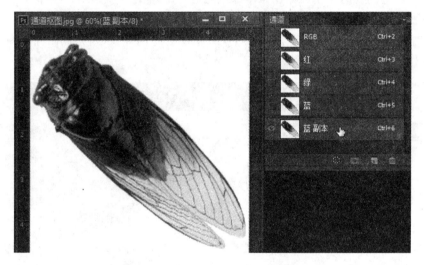

图 10-28　Alpha 通道

选择蓝色通道副本，在"图像"菜单中选择"调整"|"亮度/对比度"命令（如图 10-29 所示），打开"亮度/对比度"对话框，增大对比度，使蝉和白色背景的黑白对比进一步加大，适当增大亮度，使蝉翅膀灰度变低（如图 10-30 所示）。

图 10-29　调整亮度/对比度

图 10-30　调整亮度/对比度

由于 Alpha 通道中白色代表选区,因此,需要将该通道中的颜色反相,在"图像"菜单中选择"调整"|"反相"命令(如图 10-31 所示),或按下 Ctrl＋I 快捷键,将白色背景变为黑色,黑色的蝉变为白色。

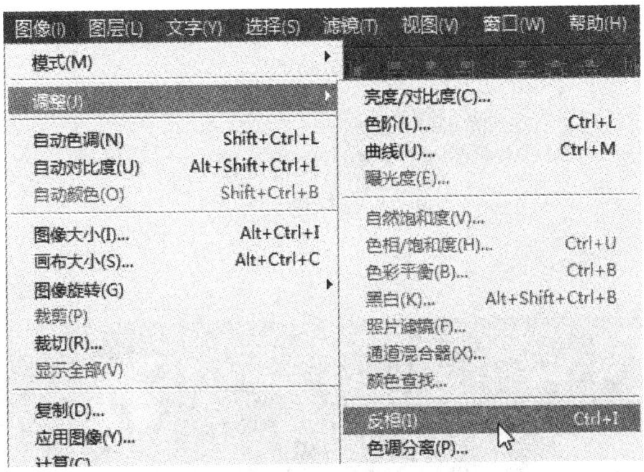

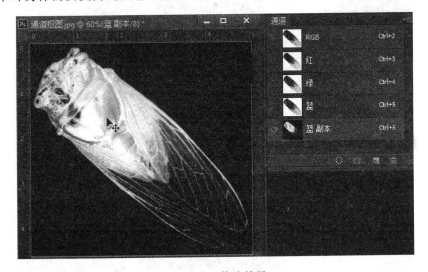

图 10-31　反相

此时可以发现,黑色的背景为非选区,蝉翅位置灰色区域代表可以选择半透明图像的选区,而整个蝉身体需要变为纯白色,才可以作为选区完全载入(如图 10-32 所示)。

图 10-32　修改结果

在"图像"菜单中选择"调整"|"亮度/对比度"命令,进一步调整图像的亮度(如图 10-33 所示)。

将前景色调整为白色,利用画笔工具,将蝉身体涂抹为纯白色(如图 10-34 所示)。

涂抹完成后,单击通道面板中的"将通道载入选区"按钮,将蓝副本通道载入选区(如图 10-35 所示)。

在原始图像显示的前提下,按下 Ctrl＋C 快捷键复制选区内的图像内容,打开一张新图像,按下 Ctrl＋V 快捷键粘贴,则蝉身体整个复制过来,而蝉翅呈半透明显示(如图 10-36 所示)。

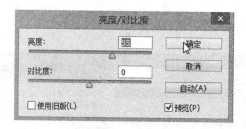

图 10-33　增大亮度

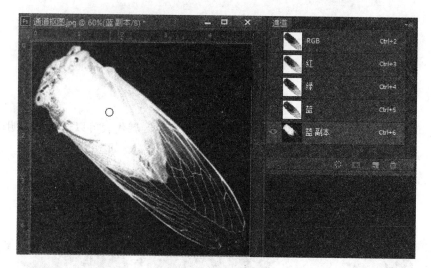

图 10-34　绘制白色

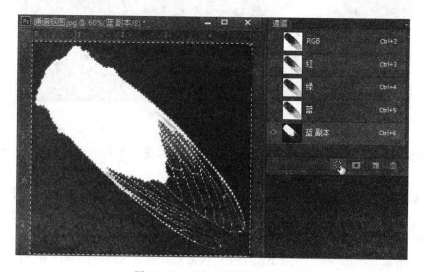

图 10-35　alpha 通道载入选区

图 10-36　复制粘贴到其他图像中

习题

1. 通道共有几类？作用分别是什么？
2. 利用蒙版制作两张图像的自然过渡。
3. 利用 Alpha 通道抠取白色背景中人像的头发。

第11章

图层面板与样式面板

本章学习目标
- 熟练掌握 Photoshop CS6 中图层的类型及图层面板的应用
- 熟练掌握定制图层样式的方法

本章介绍 Adobe Photoshop CS6 中的图层类型,包括背景图层、普通图层、文字图层、形状图层、调整图层、剪贴图层等,不同类型图层可以帮助设计者更灵活地呈现画面内容。在图层上应用图层样式又进一步为图像添加斜面与浮雕、阴影、外发光等效果。

11.1 图层面板

本节通过一个案例介绍图像设计中常用的一些图层类型(如图 11-1 所示)。

图 11-1 图层类型

打开一张天空的图像，默认该图层类型为背景图层，在图层右侧有一个小锁的标志，背景图层不能移动，并且会一直处于其他所有类型图层的下方。将背景图层转换为普通图层的方法，是在背景图层上双击，在弹出的对话框中单击"确定"按钮。

在背景图层上方拖入一张古琴的图像，建立图层1，在图层1上右击，选择"智能对象"命令，可以将该图层转化为智能对象，缩略图右下角显示该层为智能对象。

利用钢笔工具为古琴形状制作一个路径，单击图层面板下方的"添加图层蒙版"按钮 ，可以为该图层添加一个图层蒙版，再次单击该按钮，可以为该图层添加矢量蒙版，路径内的图像显示。

使用工具栏中的横排文字工具，添加"天籁之音"4个文字，则在图层1上方添加了一层文字图层。

拖入一张鲜花的图像到文字图层上方，建立图层2，按住Alt键的同时，鼠标放于图层2和文字图层中间，然后单击鼠标，即可将图层2的鲜花图案置入下方的文字形状中，该图层类型为剪贴图层。

在文字图层上双击，或单击图层面板下方的 按钮打开"图层样式"对话框，可以对文字图层添加样式效果。本例中添加了"斜面和浮雕"效果。

单击图层面板下方的 按钮，可以添加调整图层和填充图层，在不影响下方图层本身效果的前提下，将色调调整或填充颜色叠加到作品中。

在工具栏中选择"形状"|"自定义形状"，在属性面板中选择"形状"，并在预置的自定义形状中选择"音乐符号"，在场景中拖曳创建，并在图层面板中创建一层形状图层。

在图层面板中可以通过"类型"来筛选查看图层，选择第一个图像像素按钮（如图11-2所示），所有的图像图层显示，其他图层类型隐藏。

再次单击第一个按钮，将其弹起，则所有图层均显示。单击第二个调整图层按钮（如图11-3所示），则所有图层中为调整图层类型的图层显示，其他图层隐藏。单击第三个文字图层按钮，则仅显示该文档中的所有文字图层（如图11-4所示）。

图11-2　图像图层

图11-3　调整图层

图11-4　文字图层

第四个按钮为显示该文档中的所有形状图层（如图 11-5 所示）。最后一个按钮为显示智能对象（如图 11-6 所示）。

图 11-5　形状图层

图 11-6　智能对象

除根据"类型"可以在图层中快速选择需要的图层之外，还可以根据"名称""效果"等进行选择（如图 11-7 所示）。

图层与图层之间的混合模式，同工具栏中画笔属性的混合模式一致（如图 11-8 所示），详情见 5.1.1 节，此处不再赘述。

图 11-7　快速选择

图 11-8　混合模式

选择要锁定的图层,在图层面板中单击相应的按钮,可以分别设置锁定该图层的透明区域、禁止该图层使用画笔工具、禁止移动和锁定所有 4 个状态(如图 11-9 所示)。选择需要调整不透明度的图层,在图层面板中修改不透明度值(如图 11-10 所示),100% 为不透明显示,0% 为完全透明显示,包括为该图层添加的样式效果也一起消失。如果修改图层的填充值,值为 0% 时图像完全透明显示,而该图层的图层样式效果不变。

图 11-9　锁定状态　　　　　　　　图 11-10　不透明度和填充

按住 Ctrl 键选择两个或两个以上图层,单击图层面板下方的链接按钮 ,则多个图层可以链接到一起同时移动;选择删除按钮 可以删除该图层,也可以拖曳需要删除的图层到该按钮上松开鼠标;单击新建图层按钮 ,可以新建一个透明的普通图层;单击文件夹按钮 ,可以创建新文件夹,并可以将多个图层放入不同的文件夹,便于图层的管理。

11.2　图层样式

新建一个空白文档,新建一个透明图层"图层 1",在工具栏中选择"自定义形状",在属性栏中选择"像素",并选择一个合适的预置形状,在图层 1 上创建(如图 11-11 所示)。打开样式面板,在样式面板中选择一个预置的样式,则将该样式直接添加到图层 1 的形状中(如图 11-12 所示)。图层 1 下方可以看到添加的"斜面和浮雕""渐变叠加""投影"等效果。

图 11-11　新建图层

在样式面板右侧菜单中,可以追加其他的预置样式,如"玻璃按钮"。另外,还可以从网上下载 asl 格式的样式文件进行载入。在右侧菜单中选择"载入样式"命令(如图 11-13 所示),打开"载入"对话框,选择要载入的 asl 文件,单击"载入"按钮(如图 11-14 所示),在样式面板中即可查看刚刚载入的黄金效果的样式。

图 11-12 使用样式

图 11-13 载入样式

图 11-14 "载入"对话框

同样,选择合适的样式(如图 11-15 所示),在选中的图层上即应用该图层样式。

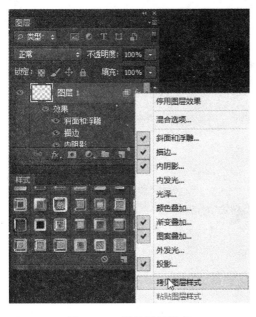

图 11-15　使用载入的样式

在添加过图层样式的图层上右击,选择"拷贝图层样式"命令(如图 11-16 所示),在其他图层上右击,选择"粘贴图层样式"命令(如图 11-17 所示),则可以将图层样式复制到新的图层中。

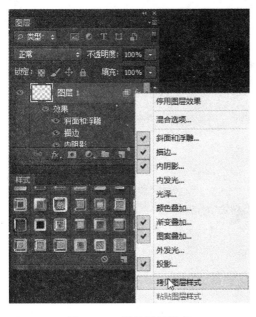

图 11-16　拷贝图层样式　　　　　　　图 11-17　粘贴图层样式

选择工具栏中的画笔,在该图层上绘制,则所绘制出的笔触直接呈现出复制的图层样式效果(如图 11-18 所示)。

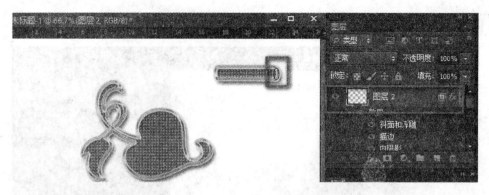

图 11-18　绘制线条

双击图层,或单击图层面板下方的"图层样式"按钮,打开"图层样式"对话框,分别对"斜面和浮雕""内阴影"等效果进行修改和设置(如图 11-19 所示)。

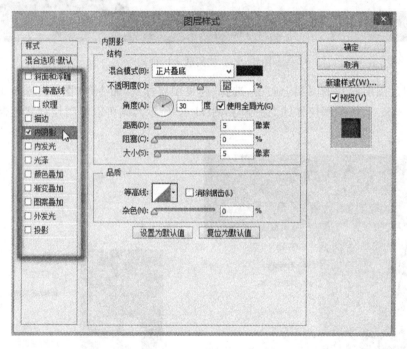

图 11-19　"图层样式"对话框

11.3　案例与提高

11.3.1　文化衫

本案例实现将文字印制到衣服上。打开一张衣服图像和一张毛笔字图像(如图 11-20 所示),首先对毛笔字图像进行亮度和对比度的调整,增大其亮度和对比度(如图 11-21 所示),按 Ctrl+I 快捷键反相,得到黑底白字,利用移动工具将文字拖动到衣服图像中(如图 11-22 所示)。

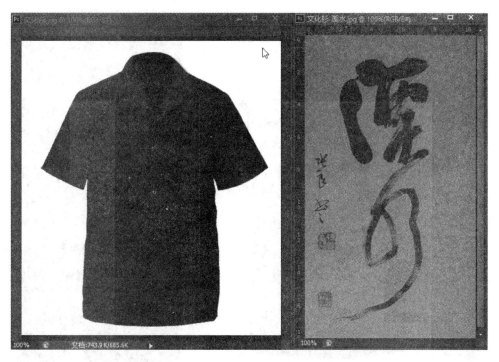

图 11-20　原始图像

图 11-21　调整亮度

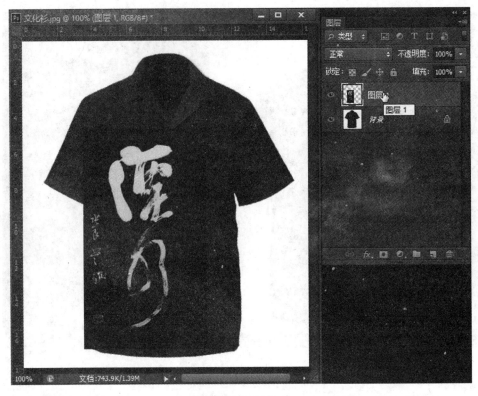

图 11-22　反相

　　选择上面的毛笔字图层，在"图层"面板下方选择"图层样式"|"混合选项"命令（如图 11-23 所示），打开"图层样式"对话框（如图 11-24 所示），设置混合颜色带。"本图层"代表毛笔字图层，下方的黑白颜色渐变代表该图层的暗部区域、灰度区域及亮度区域。向右移动黑色滑块，代表该图层的暗部图像向下一图层进行融合；按住 Alt 键的同时拖动滑块，可以使图像的融合更为自然，黑色背景隐藏。"下一图层"代表衣服图层，同样需要衣服向上一图层自然融合，因此也是按住 Alt 键的同时拖动黑色滑块，最终两个图层的图像可以较为自然地融为一体（如图 11-25 所示）。

图 11-23　混合选项

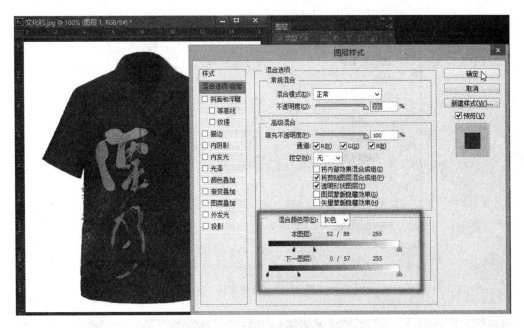

图 11-24 混合颜色带

图 11-25 最终效果

11.3.2 制作水果字图层样式

新建一个空白文档,宽度为 800 像素,高度为 600 像素,分辨率为 72 像素/英寸,白色背景,RGB 颜色模式(如图 11-26 所示)。选择"横排文字工具",设置字体、大小,在画布上单击后输入"水果"(如图 11-27 所示),然后单击属性面板右侧的对勾确定输入,在文字图层上右击,选择"栅格化文字"命令,将文字图层修改为普通图层(如图 11-28 所示)。

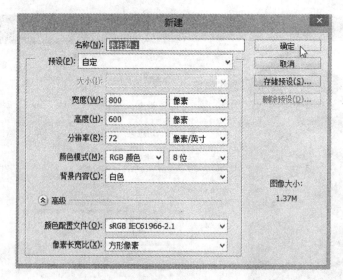

图 11-26 新建文件

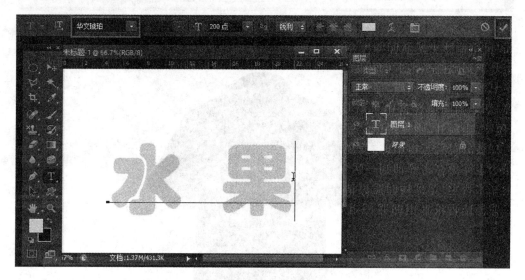

图 11-27 输入文字

图 11-28 栅格化文字

　　按住 Ctrl 键的同时，单击水果图层缩略图，将该图层文字载入选区，设置渐变编辑器为橘红到黄色到橘红的渐变，从上到下拖曳鼠标左键，为选区填充渐变色（如图 11-29 所示）。选择图层面板下方的"图层样式"|"斜面和浮雕"命令（如图 11-30 所示），在打开的"图层样

式"对话框中,为该图层设置图层样式,设置"斜面和浮雕"的各项参数,并修改其阴影模式的颜色为橘红色(如图 11-31 所示)。

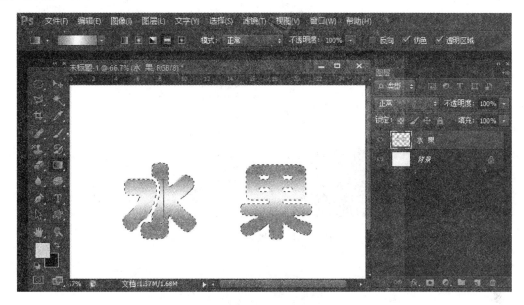

图 11-29 填充渐变色

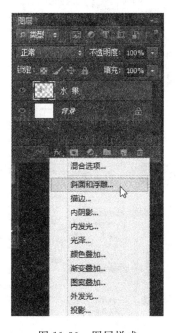

图 11-30 图层样式

选中"等高线"复选框,设置浮雕效果的等高线,可以将文字的浮雕效果设置得更为圆滑(如图 11-32 所示)。设置"内发光",修改内发光的颜色为浅黄色,使文字带有自发光的效果(如图 11-33 所示)。选择"图案叠加"复选框,为文字添加纹理效果,选择合适的图案,并将混合模式修改为"颜色减淡"(如图 11-34 所示)。

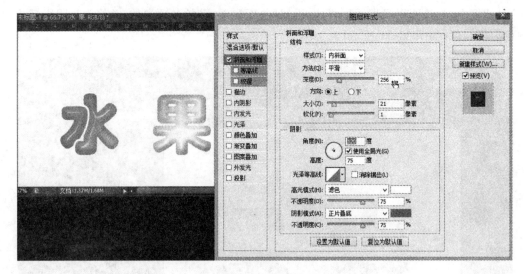

图 11-31 设置斜面和浮雕

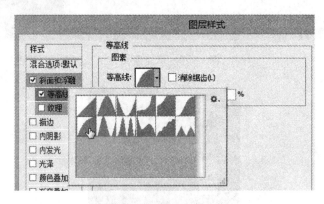

图 11-32 设置等高线

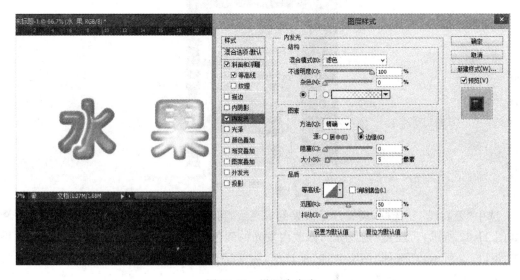

图 11-33 设置内发光

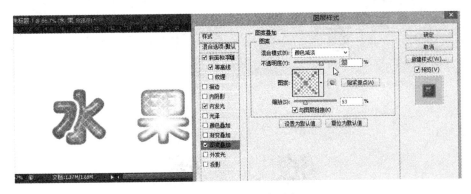

图 11-34 设置图案叠加

至此,水果样式设置完成,可以将此样式保存。单击"图层样式"对话框右侧的"新建样式"按钮(如图 11-35 所示),打开"新建样式"对话框,输入要保存的样式名称(如图 11-36 所示),单击"确定"按钮,即可在样式面板的最后找到刚刚设置好的水果样式,单击即可将该样式应用到所选图层(如图 11-37 所示)。

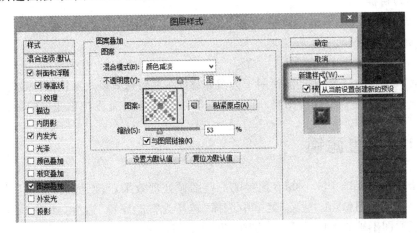

图 11-35 保存样式

图 11-36 样式名称

图 11-37 使用样式

习题

1. 分析菜单中的"图像"|"调整"命令和图层面板中调整图层作用的异同。
2. 从网上下载 asl 样式文件并载入。
3. 新建一个图层样式并保存使用。

第 12 章

滤　　镜

本章学习目标

- 灵活运用 Photoshop CS6 中的内置滤镜
- 学会外挂滤镜的安装和使用

Adobe Photoshop CS6 中的滤镜用于为图像添加一些特殊效果。滤镜操作较为简单，但一般不会单独使用，通常需要配合图层、通道、蒙版等一起使用，才能发挥出滤镜的最佳效果。

12.1　内置滤镜

内置滤镜是 Adobe Photoshop 预置的一些图像处理效果，可以通过"滤镜"菜单进行选择。打开一张风景图像，在"滤镜"菜单中选择"转换为智能滤镜"命令（如图 12-1 所示），则可以在保证原图不被修改的前提下，为图像添加滤镜效果。

图 12-1　转换为智能滤镜

选择"滤镜"|"像素化"|"点状化"命令,在图像的图层下方添加"点状化"的智能滤镜效果(如图12-2所示)。

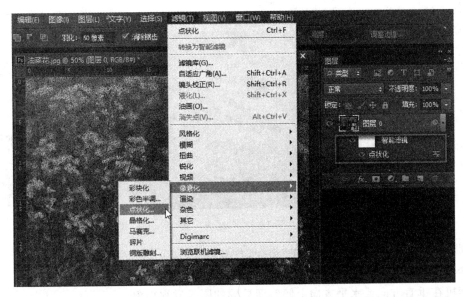

图12-2 点状化

滤镜库是将常用的滤镜组合到一个面板中,以折叠的菜单形式来显示,为选择的滤镜提供直观的滤镜效果预览,并可以将多个滤镜效果叠加到一起,同时显示到图像中。

选择"滤镜"菜单中的"滤镜库"命令(如图12-3所示),在"滤镜库"中展开"画笔描边",选择"喷溅"效果,通过调整右侧参数,在左侧图像效果中可以直接预览喷溅滤镜效果。单击面板右下角的新建按钮,选择"阴影线"命令,则可以将阴影线效果叠加到喷溅效果上(如图12-4所示)。单击右下角的删除按钮,可以删除不需要的滤镜效果。

图12-3 滤镜库

图12-4 滤镜库

在"滤镜"菜单中选择"自适应广角"命令,打开"自适应广角"对话框(如图 12-5 所示),通过调整参数,可以对具有广角、超广角及鱼眼镜头效果的图片进行校正。

图 12-5　自适应广角

在"滤镜"菜单中选择"镜头校正"命令,打开"镜头校正"对话框(如图 12-6 所示),通过调整参数,可以修复常见的镜头瑕疵,包括枕形失真、桶形失真、色差和晕影等,还可以修复由于相机在垂直方向或水平方向上倾斜而导致的图像透视现象。

图 12-6　镜头校正

选择"滤镜"菜单中的"液化"命令,打开"液化"对话框(如图 12-7 所示),通过选择左侧按钮,并在图像上方单击或涂抹,可以实现对图像的膨胀、收缩等液化变形效果。

选择"滤镜"菜单中的"油画"命令,打开"油画"对话框(如图 12-8 所示),通过调整相应参数,可以将图像制作成油画效果。

消失点滤镜可以制作建筑物或其他矩形对象的透视效果,可以通过绘制透视平面,实现在透视平面中对图像的修复。打开一张具有透视效果的图像,若将图像中的扫把修复掉,首先选择消失点滤镜中的"创建透视平面"工具,通过单击创建平面 4 个顶点从而建立透视平面(如图 12-9 所示)。将鼠标放到控制点处拖曳,可以扩大透视平面的范围(如图 12-10 所示)。

图 12-7 液化

图 12-8 油画

图 12-9 消失点

图 12-10　透视平面

选择面板左侧的"仿制图章"工具,使用方法与工具箱中的仿制图章相同,只是在复制仿制源位置的图像时,图像大小随着透视平面而改变(如图 12-11 所示)。最终可以将图像中的扫帚覆盖掉(如图 12-12 所示),单击"确定"按钮确认滤镜效果。

图 12-11　仿制图章

图 12-12　最终效果

　　风格化滤镜组包括 8 种滤镜（如图 12-13 所示），是通过置换像素和通过查找并增加图像的对比度，在选区中生成绘画或印象派的效果。它是完全模拟真实艺术手法进行创作的。在使用"查找边缘"和"等高线"等突出显示边缘的滤镜后，可应用"反相"命令用彩色线条勾勒彩色图像的边缘或用白色线条勾勒灰度图像的边缘。

　　模糊滤镜组包括 14 种滤镜（如图 12-14 所示），模糊滤镜可以使图像中过于清晰或对比度过于强烈的区域产生模糊效果。它通过平衡图像中已定义的线条和遮蔽清晰边缘旁边区域的像素，使变化显得柔和。

图 12-13　风格化滤镜组

图 12-14　模糊滤镜组

　　扭曲滤镜组包括 9 种滤镜（如图 12-15 所示），这一系列滤镜都是用几何学的原理来把一幅影像变形，以创造出三维效果或其他的整体变化。每一个滤镜都能产生一种或数种特殊效果，对影像中所选择的区域进行变形、扭曲。

　　锐化滤镜组包括 5 种滤镜（如图 12-16 所示），可以使图像边缘的对比度进行智能化增高，从而使图像变得更加清晰。

图 12-15　扭曲滤镜组

图 12-16　锐化滤镜组

　　内置滤镜还提供了对视频图像的处理功能，可以将隔行扫描的图像转化为逐行扫描的图像（如图 12-17 所示）。

　　像素化滤镜组可以将图像分块或者将图像平面化，共包括 7 种滤镜（如图 12-18 所示）。

图 12-17　视频滤镜

图 12-18　像素化滤镜组

渲染滤镜组可以在图像中创建云彩图案、折射图案和模拟的光反射,也可以在 3D 空间中操纵对象,并从灰度文件创建纹理填充以产生类似 3D 的光照效果(如图 12-19 所示)。

杂色滤镜组包括 5 种滤镜,主要用于校正图像处理过程(如扫描)的瑕疵(如图 12-20 所示)。

图 12-19 渲染滤镜组   图 12-20 杂色滤镜组

在"滤镜"菜单中选择"其他"|"高反差保留"命令(如图 12-21 所示),可以在有强烈颜色转变发生的地方按指定的半径保留边缘细节,并且不显示图像的其余部分。选择 0.1 像素半径则仅保留边缘像素。该滤镜可以移去图像中的低频细节,效果与"高斯模糊"滤镜相反。"位移"滤镜可以对图像进行上下左右方向的偏移。"自定"滤镜可以更改图像中每个像素的亮度值。"最大值"滤镜可以对画面中的亮区进行扩大,对画面中的暗区进行缩小。在指定的半径中,软件搜索像素中的最大值并利用该像素替换其他的像素。"最小值"滤镜与之相反。

图 12-21 其他滤镜

12.2 案例与提高

12.2.1 置换滤镜

置换滤镜实现被置换图像按照置换图的明暗进行扭曲变形。本案例利用置换滤镜扭曲变形的特性,制作旗子在山体上随着岩石明暗褶皱变形的效果。

打开两张图像的原始素材(如图 12-22 所示)。首先将置换图山体的图像保存为 psd 格式(如图 12-23 所示),然后将旗子的图像用移动工具移动到山体图像中。选择旗子所在图

图 12-22 原始素材

层,设置图层混合模式为"正片叠底",则旗子图层的白颜色被过滤(如图 12-24 所示)。然后使旗子图像按照山体凹凸进行变形,在选中旗子图层的情况下,选择"滤镜"菜单中的"扭曲"|"置换"命令(如图 12-25 所示),在"未定义区域"中选中"折回"单选按钮(如图 12-26 所示),单击"确定"按钮,置换图选择之前保存的山体 psd 图像,最终旗子所在的图层发生扭曲变形,变形依据山体图像的明暗关系(如图 12-27 所示)。

图 12-23　置换图

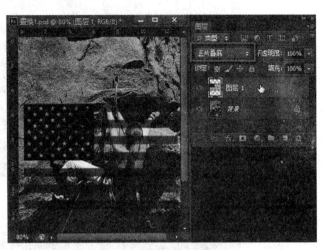

图 12-24　图层混合

图 12-25　置换

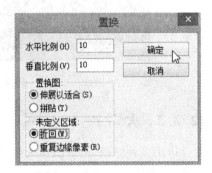

图 12-26　参数修改

　　选择图层面板下的添加图层蒙版按钮,为旗子所在图层(图层 1)添加图层蒙版。选择图层蒙版,选择工具栏中的画笔工具,调整前景色为黑色,在蒙版上将旗子图像中不需要的部分用黑色绘画隐藏(如图 12-28 所示)。

图 12-27　变形后

图 12-28　最终效果图

12.2.2　火焰字

综合运用多种滤镜,可以制作火焰字效果。新建一个空白文档(如图 12-29 所示),宽度为 800 像素,高度为 600 像素,分辨率为 72 像素/英寸,修改"颜色模式"为"灰度",默认设置背景为"白色",单击"确定"按钮。

修改前景色为黑色,用油漆桶工具在背景图层上单击,设置文档背景色为黑色。利用横排文字工具,在画布上单击创建文字图层,输入华文琥珀字体、大小为 200 点的"火焰字"3个字(如图 12-30 所示)。

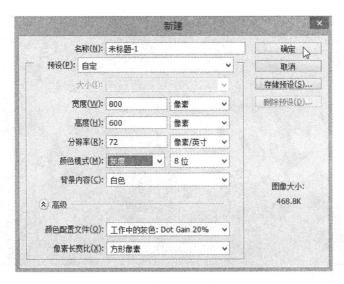

图 12-29 新建文档

图 12-30 新建文字图层

在文字图层上右击,选择"栅格化文字"命令,将文字图层转化为普通图层。按 Ctrl 键的同时,单击火焰字图层缩略图,将 3 个字载入选区(如图 12-31 所示)。选择"选择"菜单中的"修改"|"收缩"命令(如图 12-32 所示),在打开的对话框中输入"5",则将选区向内收缩 5 个像素(如图 12-33 所示)。

按 Delete 键,将选区内的图像删除,则制作出中间镂空的文字(如图 12-34 所示)。选择"图像"菜单中的"图像旋转"|"90 度(顺时针)"命令(如图 12-35 所示),将图像进行顺时针旋转。

选择"滤镜"菜单中的"风格化"|"风"命令(如图 12-36 所示),打开"风"对话框,选择风的方向为"从左"(如图 12-37 所示)。

图 12-31　载入选区

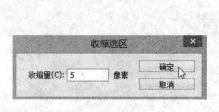

图 12-32　收缩选区　　　　　　　　　　　图 12-33　收缩像素

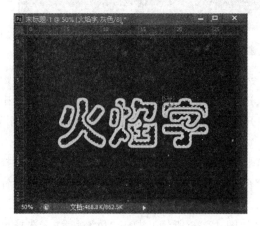

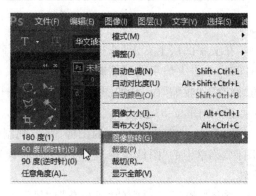

图 12-34　镂空文字　　　　　　　　　　　图 12-35　顺时针旋转

图 12-36 风滤镜

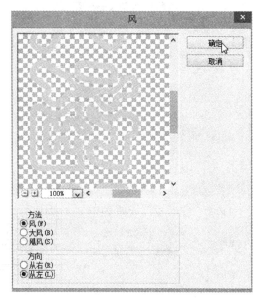

图 12-37 设置风的方向

　　要再次使用"风"滤镜效果,可以在"滤镜"菜单中的第一项找到,或使用 Ctrl＋F 快捷键(如图 12-38 所示)。

图 12-38 重复操作

　　设置完成后需要将画布旋转为正常显示,再一次选择"图像"菜单中的"图像旋转"|"90 度(逆时针)"(如图 12-39 所示)。

　　为文字添加扭曲效果,选择"滤镜"菜单中的"扭曲"|"水波"命令(如图 12-40 所示),打开"水波"对话框(如图 12-41 所示),设置水波滤镜的参数,则文字呈现水波状扭曲(如图 12-42 所示)。

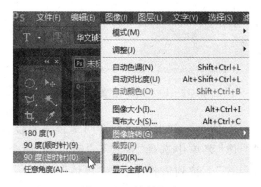

图 12-39 旋转画布

图 12-40 水波滤镜

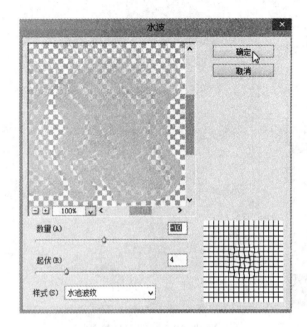

图 12-41 "水波"对话框

图 12-42 扭曲效果

进一步修饰文字效果，选择"滤镜"菜单中的"像素化"|"晶格化"命令（如图 12-43 所示），打开"晶格化"对话框，进行参数设置，得到晶格化后的文字效果（如图 12-44 和图 12-45 所示）。

图 12-43 晶格化

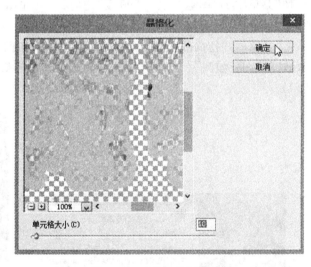

图 12-44 "晶格化"对话框

修改文档颜色模式为"索引颜色"（如图 12-46 所示），弹出对话框询问是否需要合并图层，单击"确定"按钮（如图 12-47 所示）。在"图像"菜单中选择"模式"|"颜色表"命令（如图 12-48 所示），打开"颜色表"对话框。在"颜色表"下拉列表框中选择"黑体"，可以用来模拟黑体燃烧时从黑色到红色到黄色再到白色的颜色渐变关系。最终制作完成火焰字效果（如图 12-49 所示）。

图 12-45　晶格化效果

图 12-46　索引颜色

图 12-47　拼合图层

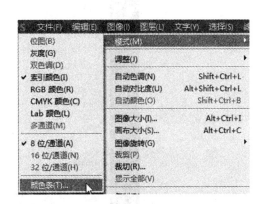

图 12-48　颜色表

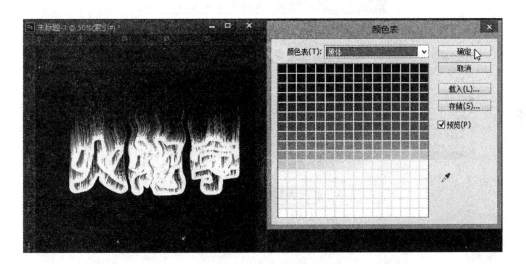

图 12-49　最终效果

12.3　外挂滤镜

除了自带的内置滤镜外，Adobe Photoshop CS6 还支持第三方厂家开发的外挂滤镜载入软件中使用。外挂滤镜安装的方法是：在"编辑"菜单中选择"首选项"|"增效工具"命令（如图 12-50 所示），在打开的对话框中选中"附加的增效工具文件夹"复选框，选择"外挂滤镜"所在的文件夹后，单击"确定"按钮（如图 12-51 所示）。

图 12-50　设置增效工具

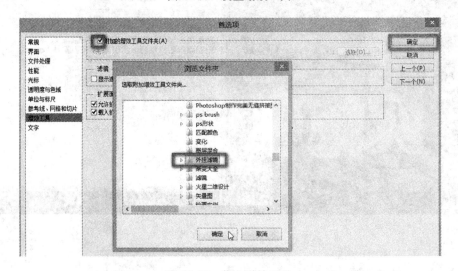

图 12-51　载入增效工具

　　重新打开 Adobe Photoshop CS6 软件,则外挂滤镜会出现在"滤镜"菜单中内置滤镜的下方(如图 12-52 所示)。

　　在安装的外挂滤镜中,有一个 Stamp 滤镜可以快速制作邮票效果。打开一张图像,在"滤镜"菜单中选择 CnFilter|Stamp 命令,打开"邮票效果"对话框,在对话框中可以设置邮票的边框、齿边、面值等信息(如图 12-53 所示),单击"确定"按钮后即可制作完成。

图 12-52 外挂滤镜

图 12-53 邮票滤镜

习题

1. 上网搜索并收集利用滤镜制作图像效果的案例。
2. 上网下载外挂滤镜并安装使用。

第 13 章

动作与批处理

本章学习目标

- 熟练掌握动作的使用和录制的方法
- 了解批处理功能的使用

本章主要介绍动作和批处理的使用,帮助用户对重复性软件操作进行快速处理。动作可以记录用户对图像操作的关键步骤,而批处理可以对大批量的图像同时进行同样的操作,使图像处理变得更加快捷和自动化。

13.1 动作

13.1.1 动作的使用

打开 Adobe Photoshop CS6,在"窗口"菜单中选择"动作"命令,打开"动作"面板(如图 13-1 所示),可以看到软件中自带的"默认动作"文件夹,里面包含大量已经录制完成的动作。

打开一张人像图片,选择"木质画框"这项动作,在"动作"面板的下方单击"播放"按钮(如图 13-2所示)。

该动作所保存的操作将逐步应用到打开的人像图片中,该动作要求应用此动作的图像尺寸,宽度和高度都不得小于 100 像素,单击"继续"按钮进行操作(如图 13-3 所示)。

经过自动处理接下来的一系列操作,图像周围加上了木质画框(如图 13-4 所示)。

打开"历史记录"面板,则可以查看整个自动播

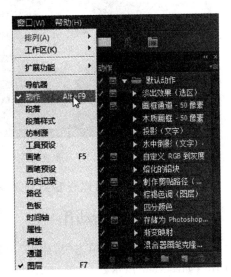

图 13-1 "动作"面板

图 13-2　播放动作

放动作的过程中软件所操作的各个步骤(如图 13-5 所示)。

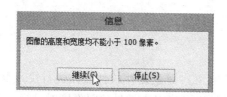

图 13-3　单击"继续"按钮

图 13-4　播放完成

图 13-5　"历史记录"面板

在"图层"面板中,可以查看到最终效果完成时的图层信息(如图 13-6 所示)。

13.1.2　定义新动作

在"动作"面板下方单击"新建组"按钮,打开"新建组"对话框,为新建组取名为"自定义动作"(如图 13-7 所示)。在该组选中的情况下,单击"动作"面板下方的"新建动作"按钮,则在新建的组中新建一个动作,为动作命名为"修改图像大小"(如图 13-8 所示)。

图 13-6 "图层"面板

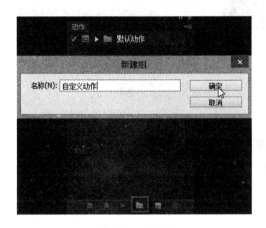

图 13-7 新建组

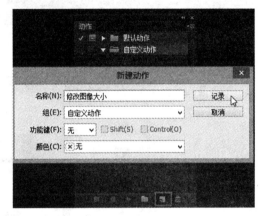

图 13-8 新建动作

在选中该动作的前提下,打开一张需要处理的图像,然后单击"动作"面板下方的"录制动作"按钮,此时,接下来对图像进行的有效操作才被记录下来。选择"图像"菜单中的"图像大小"命令(如图 13-9 所示),打开"图像大小"对话框,将图像宽度设置为 1000 像素(如图 13-10 所示)。

图 13-9 菜单命令

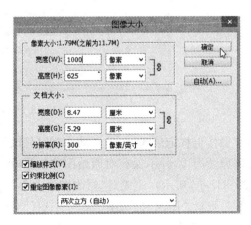

图 13-10 设置尺寸

　　设置完成后,该图像大小按照设置的大小进行改变,而"动作"面板将修改图像大小这步有效操作进行了记录(如图 13-11 所示)。选择"文件"菜单中的"存储为"命令(如图 13-12 所示),打开"存储为"对话框,选择修改完成的图像所要保存的文件夹(如图 13-13 所示),将修改完成的图像另存为副本。

图 13-11　修改图像大小　　　　　　　　　　图 13-12　保存修改

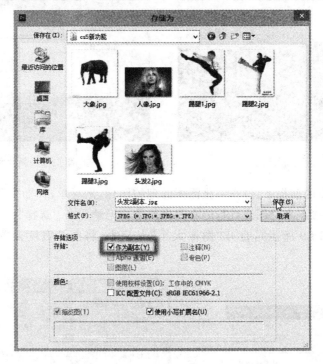

图 13-13　保存副本

　　另存操作也将记录到"自定义动作"的"修改图像大小"这个动作中(如图 13-14 所示)。

　　关闭原始图像,并不保存对原始图像的修改,最终单击"动作"面板下的"结束录制动作"按钮(如图 13-15 所示),完成对"修改图像大小"这一动作的录制。

　　打开一张新的图像,在"动作"面板中选择刚刚录制完成的"修改图像大小"动作,在"动作"面板下方选择"播放动作"按钮,就可以对新打开的图像进行同样的修改(如图 13-16 所示)。

图 13-14　存储

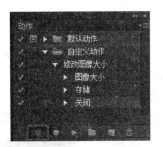

图 13-15　停止动作

图 13-16　运行动作

　　运行完成后，在该图像的同一目录下，可以找到修改大小后所保存的图像副本，查看该图像大小，可以发现图像同样修改为宽度为 1000 像素（如图 13-17 所示）。

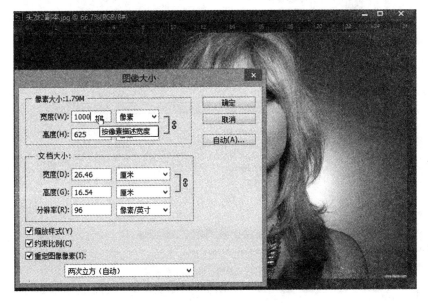

图 13-17　图像修改完成

13.1.3 载入动作

除软件中预置的动作和自定义录制的动作外,还可以通过载入 atn 动作文件的方式,实现对图像处理的快速操作。

选择"动作"面板右侧的"载入动作"命令(如图 13-18 所示),打开"载入"对话框,找到从网上下载的 atn 动作文件,单击"载入"按钮(如图 13-19 所示)。

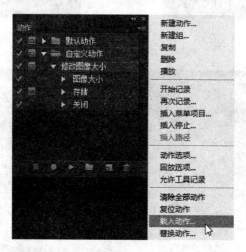

图 13-18　载入动作

图 13-19　选择 atn 文件

在"动作"面板下方，可以找到刚刚从软件外部载入的动作，其使用的操作方法同预置的动作相同（如图 13-20 所示）。

图 13-20　载入动作

13.2　批处理

批处理可以同时对一系列图像同时播放运用同一个录制的动作。

在"文件"菜单中选择"自动"|"批处理"命令（如图 13-21 所示），打开"批处理"对话框（如图 13-22 所示），选择要统一播放的动作名称，单击"选择"按钮，在打开的"浏览器"对话框中选择要操作的整个系列图像的文件夹（如图 13-23 所示）。为避免动作在播放过程中出现错误而停止操作，在对话框下方选择"将错误记录到文件"（如图 13-24 所示），从而保证批处理命令即便在处理过程中出现错误，也可以继续处理而不至于中断。

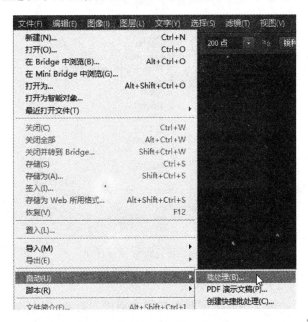

图 13-21　批处理

将错误记录到新建的 txt 文本文档中，并单击"保存"按钮（如图 13-25 所示），设置完成后，直接在"批处理"对话框中单击"确定"按钮，则整个源文件夹中的图像统一按照设置的动

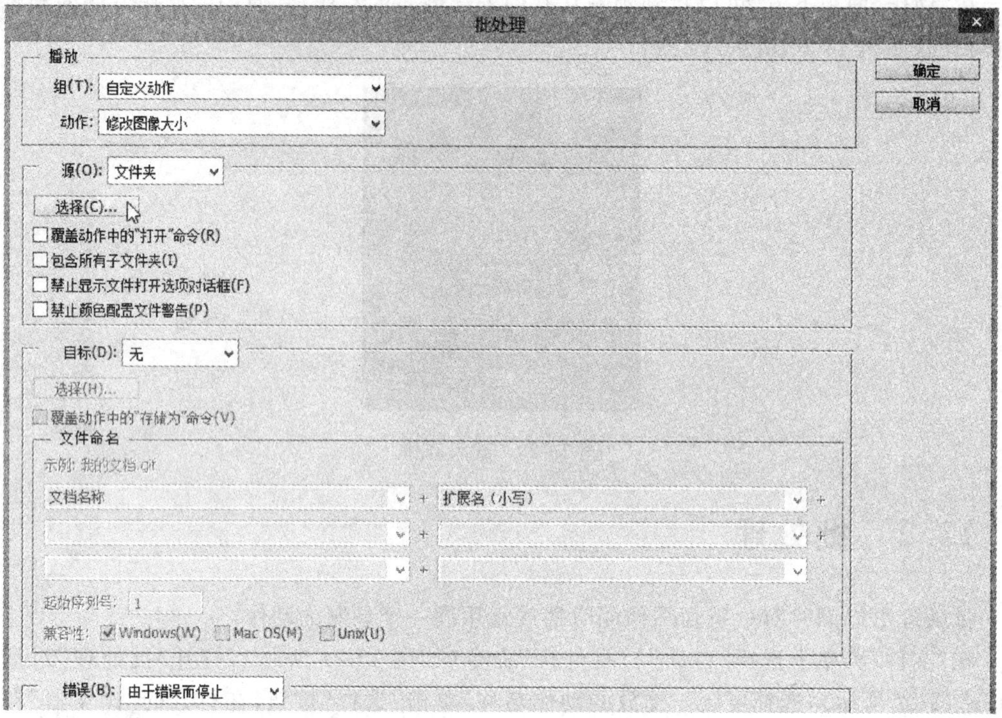

图 13-22　"批处理"对话框

图 13-23　选择批处理文件夹

作进行操作。

　　在"动作"面板中,如果该条操作带有参数或对话框的设置,则在该条操作的左侧可以设置运行的中断,并弹出相应的对话框进行自定义设置(如图 13-26 所示)。在存储操作左侧复选框处单击,在整个命令播放过程中,运行到存储这个步骤时暂时中断,自动弹出"存储"对话框,由用户分别设置批处理后图像的存储位置。

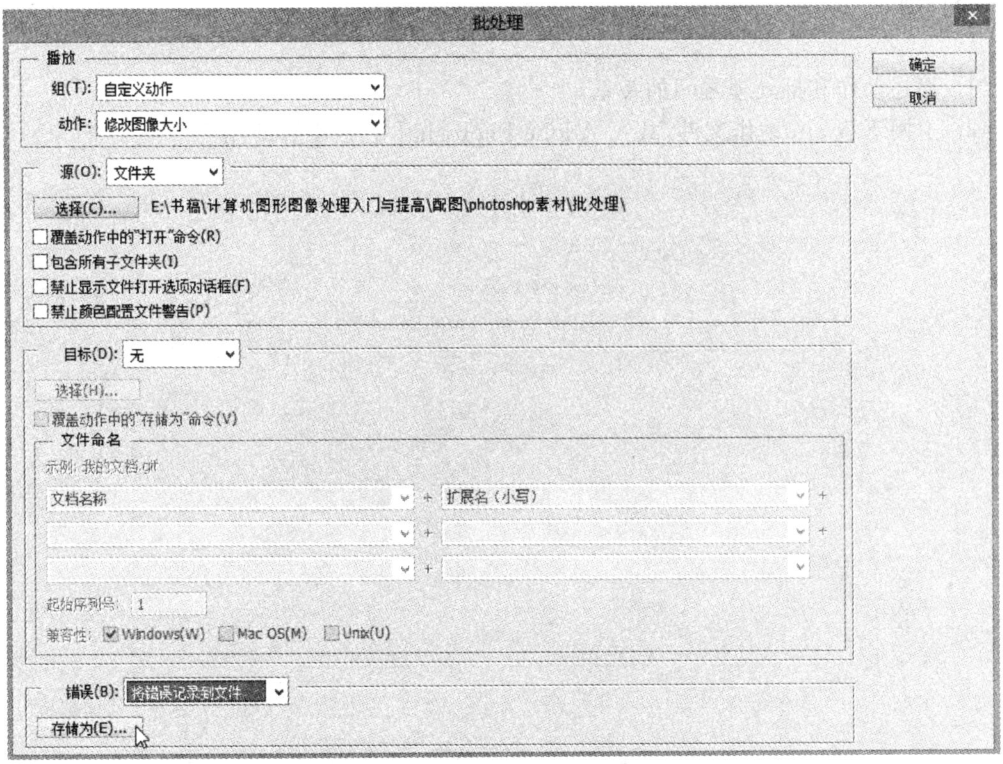

图 13-24　保存错误到文件

图 13-25　文本文档

图 13-26　暂停运行

习题

1. 简述动作和批处理之间的关系。
2. 上网下载 atn 动作文件，载入 Adobe Photoshop CS6 中并使用。